Moustapha Habou Mahaman Maman

Determinação do nível de poluição das estradas

Moustapha Habou Mahaman Maman

Determinação do nível de poluição das estradas

na cidade de Khemis-Miliana e o seu impacto na saúde pública (envenenamento por chumbo)

ScienciaScripts

Conteúdos

REMERCIMENTO

Em primeiro lugar, agradecemos a ALLAH, a todo-misericordiosa. O Único, O Poderoso, Mestre
dos céus e da terra por nos guiar, nos proteger, nos ajudar e nos permitir levar a cabo este trabalho.

Agradecemos a todos os membros do júri por terem concordado em julgar este trabalho

Sra. C. MESLI

Sra. L.OUADAH.

Agradecemos-vos por enriquecerem este estudo com os vossos respectivos conhecimentos e experiência.
experiências. Também lhe agradecemos,

Sr. D. ADDAD e Sra. O. HAMRAT por terem dirigido a nossa tese durante a sua realização com muita paciência. O vosso rigor científico, os vossos conselhos e o vosso encorajamento permitiram-nos levar a cabo este trabalho.

*MUITO OBRIGATÓRIO

Àqueles que nos ajudaram de uma forma ou de outra, de perto ou de longe, no nosso trabalho, agradecemo-los do fundo do nosso coração.

Finalmente, devemos também agradecer a estas pessoas: o director da escola e toda a equipa da
toda a equipa da Escola Para-medicina de Khemis Miliana, os diferentes engenheiros da
O director da escola, bem como toda a equipa da Escola Para-medicina de Khemis Miliana, os diferentes engenheiros dos laboratórios de GP, Chemistry 1, Chemistry 2, Chemistry 3 de SNV, UND de Nafta Khemis,
o engenheiro do CRAPC, o pessoal e o director do laboratório do Dr. Houti.

É com grande alegria que dedico este modesto trabalho a :

A minha mãe e o meu tio (Mallam Nourou) que sacrificaram os seus bons momentos para me darem uma boa educação.

Em memória do meu pai (Que Alá tenha piedade dele)

Meus queridos irmãos "Amadou, Mousba, Attaher e Nouroudine" que todos me ajudaram e apoiaram.

Minhas queridas irmãs " Asmaou, Zeinabou, e Fátima Zahra ".

As minhas tias e tios

Os meus primos.

A toda a promoção ambiental do GP e a todos os meus amigos sem excepção, especialmente Youssef

A todos os estudantes estrangeiros.

Habou Mahaman Maman Moustapha

Este modesto trabalho é dedicado a :

Meus queridos pais, pela sua paciência ilimitada, pelo seu encorajamento contido e por todos os sacrifícios que fizeram pelo meu sucesso. Que Deus os proteja

Às minhas queridas irmãs e a toda a minha família pelos seus conselhos e apoio,

Aos meus amigos e familiares de Khemiss pelo seu apoio e presença durante este trabalho,

A todos os que me ajudaram de alguma forma.

Doumbia Abdramane Siraman

Currículo

مـلـخص :

يرتكز هذا العمل في مجال البيئة ، ويهدف إلى دراسة انبعاثات الملوثات ، من ناحية وخارجها ، من النقل البري في مدينة خميس مليانا ، من ناحية أخرى لتأكيد التسمم بالرصاص من المانحين الذين يعيشون بالقرب من هذه المنطقة .

ركزت دراستنا على المدرسة شبه الطبية ، والتي بدأت من 2019/03/21 إلى 2019/05/26 ، لتحديد أول معدل سقوط الرطب والجاف في الهواء الطلق وسعر الودائع. الملوثات في مساحة مغلقة ومحتوىها النزرة .

أظهرت النتائج التي تم الحصول عليها ارتفاع مستوى تلوث الطرق بإجمالي رواسب تصل إلى 0.95 ملغم / م² بحد أقصى مسجلة في الخارج مع هيمنة الرصاص.

تم اكتشاف التسمم بالرصاص في دم 10 من كل 15 شخضا ، تم تسجيل 119 ميكروغرام / لتر كحد أقصى ، حيث يمثل العمر والتدخين والتعرض المباشر العوامل المفضلة لهذا النوع من المرض.

الكلمات الأساسية: التلوث الجوي ، وحركة المرور ، والملوثات المعدنية ، والتسمم بالرصاص.

Este trabalho, ancorado no domínio do ambiente, tem por objectivo estudar, por um lado, as emissões poluentes, no exterior e no espaço fechado, resultantes do transporte rodoviário ao nível da cidade de Khemis Miliana e, por outro lado, confirmar a intoxicação com chumbo dos doadores que vivem perto desta zona.

O nosso estudo centrou-se na escola para-médica que começou de 21/03/2019 a 26/05/2019, a fim de determinar primeiro a taxa de deposição seca e húmida no exterior e a taxa de deposição de poluentes num espaço fechado e o seu conteúdo em vestígios metálicos.

Os resultados obtidos mostram o elevado nível de poluição do tráfego rodoviário com uma deposição total de 0,95 mg/m² ao máximo registado no exterior com uma predominância de chumbo.

Foi detectado envenenamento por chumbo no sangue de 10 em cada 15 indivíduos com 119 gg/l registados como o máximo, onde a idade, o tabagismo e a exposição directa são os factores que favorecem este tipo de doença.

Palavras-chave: poluição do ar, tráfego rodoviário, poluentes metálicos, envenenamento por chumbo.

Introdução

Durante o século passado, a industrialização e o desenvolvimento desempenharam um papel essencial na evolução da sociedade. Estas actividades eram sinónimo de progresso, modernidade e riqueza. Mas desde então, a consciência das consequências ambientais aumentou. De facto, grandes quantidades de produtos químicos estão a ser injectados no ambiente, a maioria dos quais são considerados perigosos. A introdução destes compostos implica sérios riscos não só para o ambiente e os organismos vivos, mas também para a saúde humana.

O tráfego e as infra-estruturas rodoviárias são uma importante fonte de metais pesados libertados no ambiente (Delmas-Gadras, 2000).

Os metais vestigiais, também conhecidos como metais pesados ou metais tóxicos, também são emitidos durante a combustão de petróleo e carvão. O tráfego rodoviário (descargas e desgaste de veículos e infra-estruturas) também contribui para as emissões atmosféricas de metais vestigiais (Pagotto, 1999).

A poluição rodoviária, relacionada com as emissões de gases de escape, o desgaste dos veículos, as superfícies das estradas e o equipamento rodoviário, é uma poluição crónica que afecta directamente o ambiente através de escorrimentos e depósitos atmosféricos secos e húmidos (Pagotto, 1999).

Na Argélia, de acordo com o Ministério do Ambiente (2010), o sector dos transportes ocupa o primeiro lugar em termos de emissões de poluentes atmosféricos com 51%, seguido pela indústria com 47,25%. Os poluentes libertados para a atmosfera têm efeitos particularmente nocivos e foram reconhecidos como a causa do aparecimento de doenças crónicas e algumas doenças respiratórias graves nas populações (Omar Yamina, 2015).

O chumbo, cádmio, cobre e níquel pertencem a esta família de elementos e são tóxicos para a saúde e o ambiente quando excedem a estreita gama de concentrações (Omar Yamina, 2015).

O objectivo deste trabalho é avaliar as concentrações de elementos vestigiais metálicos, neste caso chumbo, cádmio, cobre e níquel, de origem rodoviária na cidade de Khemis Miliana e confirmar a presença de chumbo no sangue dos indivíduos que trabalham no nosso campo de acção, que é o Instituto Nacional de Formação Paramédica (INSPM).

O primeiro capítulo trata da poluição atmosférica relacionada com o tráfego rodoviário, centrando-se nos mecanismos desta poluição, bem como nos parâmetros meteorológicos e nos factores que a influenciam e nas normas do transporte rodoviário no mundo, particularmente na Argélia.

Enquanto que a segunda é essencialmente sobre vestígios de metais provenientes desta poluição rodoviária.

O terceiro capítulo do nosso trabalho será dedicado à metodologia de realização de um inquérito epidemiológico.

Quanto ao quarto capítulo, para o conhecimento da frota automóvel da Khemis Miliana, os métodos de amostragem e amostragem destes metais vestigiais, em particular o chumbo, e as análises preliminares.

O último capítulo trata da discussão e interpretação dos resultados obtidos durante o nosso estudo. Finalmente, desenvolvemos uma conclusão geral que resumirá os principais resultados do nosso trabalho.

CHAPITRE 1 : POLLUTION ATMOSPHERIQUE D'ORIGINE ROUTIERE

Introdução:

A poluição atmosférica causada por emissões industriais ou transportes é um incómodo para os cidadãos mas também uma fonte de degradação ambiental (vegetação, lençóis freáticos, rios, monumentos, etc.).

A existência de um químico no ar não é prejudicial em si mesma, mas é a concentração do químico que determina a sua natureza poluente.

Este capítulo visa fornecer uma visão geral das questões relacionadas com a poluição atmosférica rodoviária. Apresentaremos uma visão geral da poluição atmosférica, dos poluentes da poluição atmosférica e dos factores que a influenciam. Finalmente, apresentaremos uma visão geral da poluição rodoviária, o seu impacto na saúde humana e os regulamentos que regem a poluição rodoviária.

1.1 Informação geral sobre a poluição atmosférica :

1.1.1. Ar :

O ar é uma mistura gasosa que rodeia o planeta terra. Segundo o dicionário enciclopédico da poluição: "o ar é uma mistura gasosa que compõe a atmosfera da Terra". (Ramade, 2000, p. 13)

Ar ambiente: "um termo que designa o estado físico-químico do ar ao nível do solo numa determinada área ou o que é específico de instalações residenciais ou profissionais". (Ramade, 2000, p.13).

1.1.2. A atmosfera:

A atmosfera da Terra é a camada gasosa que rodeia a Terra. Protege a vida na Terra através da absorção da radiação solar ultravioleta, aquecendo a superfície através da retenção do calor (efeito estufa) e reduzindo as diferenças de temperatura entre o dia e a noite. É essencialmente composta por quatro regiões: a troposfera, a estratosfera, a mesosfera e a última e mais remota região, a termosfera.

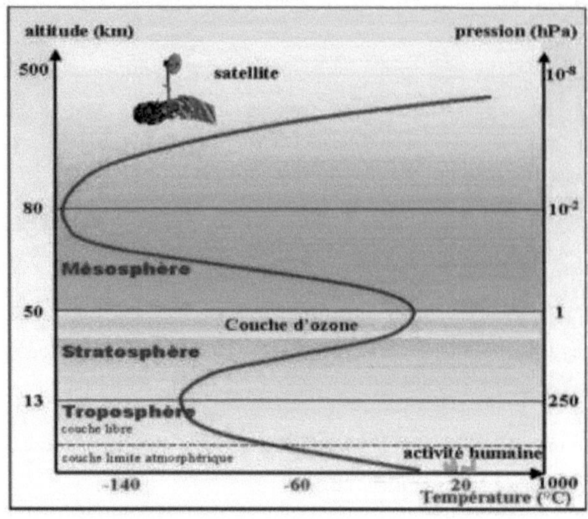

Figura 1: Estrutura geral da atmosfera Fonte: (Mall et, 2005).

No final do século XVIII, Antoine-Laurent de Lavoisier deu a primeira composição de ar da seguinte forma: "o ar da atmosfera não é um elemento, ou seja, um simples corpo, mas uma mistura de vários gases". O ar da atmosfera é composto por cerca de um quarto de ar desclogístico ou eminentemente respirável (oxigénio) e três quartos de um ar mefítico e nocivo (nitrogénio)" (François, 2004).

Os principais componentes da atmosfera expressos em volume estão resumidos no Quadro 1 abaixo:

Quadro 1: Diagrama estrutural da atmosfera terrestre (Meteo-France-educação).

Gases que compõem o ar seco	Percentagem por volume
Nitrogénio (N2)	78,09
Oxigénio Dio (O2)	21
Argônio (A)	0,93
Dióxido de carbono (CO2)	0,035
Néon (Neon)	$1,8.10^{-3}$
Hélio (Ele)	$5,24.10^{-4}$
Krypton (Kr)	$1,0.10^{-4}$
Hidrogénio (H2)	$5,0.10^{-5}$
Xénon (Xe)	$8,0.10^{-6}$
Ozono (O3)	$1,0.10^{-6}$
Rádon (Rn)	$6,0.10^{-18}$

1.1.3. Poluição atmosférica :

A poluição é definida pela Organização Mundial de Saúde (OMS) como "a presença na atmosfera de substâncias estranhas à composição normal dessa atmosfera e em concentrações suficientemente elevadas para causar um impacto nos seres humanos, animais, plantas, materiais ou no ambiente em geral".

Na Argélia, as autoridades públicas definiram a poluição atmosférica, através do artigo 44° da Lei n° 03-10 de 19 de Julho de 2003 relativa à protecção do ambiente no contexto do desenvolvimento sustentável, da seguinte forma "Constitui uma poluição atmosférica no sentido da presente lei, a introdução, directa ou indirecta, na atmosfera e nos espaços fechados, de substâncias susceptíveis de pôr em perigo a saúde humana, de influenciar as alterações climáticas ou de esgotar a camada de ozono, prejudicar os recursos biológicos e os ecossistemas, comprometer a segurança pública, incomodar a população, causar incómodos de odores, prejudicar a produção agrícola e alimentar, alterar edifícios e danificar o carácter dos locais, e danificar bens materiais.

No entanto, a qualidade do ar é o resultado de uma combinação complexa de parâmetros e processos (Figura 2), o que torna o estudo muito difícil.

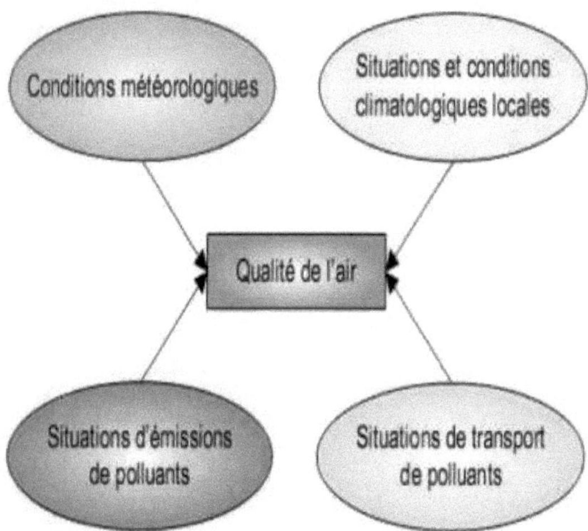

Figura 2: Parâmetros que determinam a qualidade do ar de uma determinada área geográfica
Fonte: (Ponche, 2003).

Um poluente atmosférico é qualquer substância estranha cuja variação do nível na atmosfera é susceptível, de acordo com o conhecimento científico actual, de causar um efeito nocivo ou criar um incómodo ou gene (Flanquart e Anicia, 2000).

Os poluentes atmosféricos incluem todas as substâncias naturais ou artificiais que podem ser transportadas pelo ar: gases, partículas sólidas, gotículas líquidas ou misturas destas formas (Degobert p, 1995).

Entre estes poluentes atmosféricos, é feita uma distinção entre compostos emitidos directamente para a atmosfera, conhecidos como "poluentes primários", e outros formados por reacções químicas, conhecidos como "poluentes secundários".

a. Poluentes primários :

Os poluentes primários são emissões directamente emitidas por uma fonte definida. Estão directamente relacionados com as suas fontes que podem ser difusas (tráfego) ou fontes pontuais (instalações industriais, aquecimento residencial). Estas emissões têm um impacto directo na qualidade do ar nas proximidades das fontes de emissão (Emery, 2012).

As fontes mais importantes de emissões destes compostos ditos "primários" são apresentadas no Quadro I.3. O termo compostos primários é aqui utilizado em contraste com os compostos secundários, que são o resultado da transformação físico-química dos chamados compostos primários.

Exemplo: Formação de NO a partir de azoto e oxigénio elementares de acordo com (Bliefert, 2011).

$$O_2 \leftrightarrow 2O$$

$$N_2 + O \leftrightarrow NO + N$$

$$N + O_2 \leftrightarrow NO + O$$

A adição destas três equações leva à equação :

$$N_2 + O_2 \leftrightarrow 2NO$$

Quadro 2: Fontes maioritárias de gases residuais Fonte (Cox e Derwent, 1981).

Compostos emitidos	Fontes Biogenes	Fontes antropogénicas
Monóxido de carbono (CO)	Oxidação do metano, oceanos, incêndios florestais	Combustão incompleta de madeira, carvão, gás
Dióxido de carbono (C02)	Oxidação de carbono, incêndios florestais, respiração das plantas	Combustão de carvão, madeira, gás
Monóxido de azoto (NÃO)	Incêndios florestais. processos anaeróbicos em solos, relâmpagos	Combustão de carvão, gás, fuelóleo e gasolina
Dióxido de nitrogénio (N02)	Incêndios florestais, relâmpagos	Combustão de carvão, gás, fuelóleo e gasolina, processamento de
Metano (CHa)	Oceanos, fermentação da matéria orgânica	Fermentação entérica de ruminantes, fuga de gás natural
Hidrocarbonetos aromáticos		Tráfego rodoviário, solventes
Dióxido de enxofre (S02)	Oxidação de vulcões H2S.	Combustão de qualquer combustível que contenha enxofre (fuelóleo, carvão, etc.)
Amoníaco (NH3)	Decomposição orgânica, processos anaeróbicos do solo	Combustão de petróleo e carvão, tratamento de resíduos
Nitrato de peroxiacetilo (PAN)	Degradação do isopreno	Degradação dos hidrocarbonetos
Ácido clorídrico (HCI)	Vulcões	Combustão de carvão
Clorofluorocarbonos (CFC)		Propulsor, refrigerante, solvente

b. Poluentes secundários :

Estes são poluentes na atmosfera que se formam como resultado de reacções envolvendo compostos emitidos a partir de fontes primárias ou que não têm origem numa fonte directamente poluente. São formados na presença de outros poluentes e sob a acção da radiação solar, calor ou humidade. A sua presença na atmosfera é difícil de regular porque a sua existência não é directamente causada por actividades antropogénicas (Al-Barakeh, 2012).

É por isso que a fonte de poluição secundária é difícil de identificar (Koffi, 2002; Keuken et al, 2010).

Exemplo: Reacção entre gás ácido nítrico e partículas de sal marinho na região mediterrânica (Wahiba Hamrat e Naima Fettaka, 2009).

$$HNO_{3(gaz)} + NaCl_{(particule)} \rightarrow NaNO_3 + HCl_{(gaz)}.$$

O quadro 3 mostra as principais fontes destes poluentes e os seus impactos.

Quadro 3: Principais poluentes tóxicos na atmosfera (fontes, contribuição e impactos) Fonte: (CITEPA, 2011a e 2011b).

Principais poluentes atmosféricos	*Principais fontes*	*Contribuição de sectores*	*Principais impactos*
Dióxido de enxofre **SO2**	Combustíveis fósseis contendo enxofre (centrais térmicas, refinarias,...)	Energia: 51%. Indústria: 33%. Residencial: 10%. Agricultura: 3%.	Saúde (perturbações respiratórias), ambientes naturais e materiais (chuva ácida)
Óxidos de azoto **NOx**	Combustão (transporte, instalações térmicas....)	Transporte rodoviário: 54%. Indústria: 13%. Residencial: 9%. Agricultura: 9%.	Saúde (perturbações respiratórias), ambientes naturais e materiais (chuva ácida)
Monóxido de carbono **CO**	Instalações de combustão, transporte, aquecimento doméstico	Residencial: 36%. Indústria: 32%. Transporte rodoviário: 19%. Agricultura: 9%.	Saúde (efeitos sobre o sistema nervoso, danos nos órgãos sensoriais)
Compostos orgânicos voláteis **COVs**	Utilização de solventes e combustíveis, transportes, indústria	Residencial: 37 Indústria: 36%. Transporte rodoviário: 14%. Energia: 5%.	Saúde (efeitos sobre o sistema nervoso e respiratório)
Partículas em suspensão (Total de partículas em suspensão: TSP1)	Agricultura, transportes (especialmente gasóleo), indústria	Agricultura: 51%. Indústria: 20%. Transporte rodoviário: 9%. Residencial: 9%.	Saúde (problemas respiratórios, envenenamento), materiais (escurecimento dos

			edifícios)
Metais pesados2 Arsénico, Cádmio, Cobre, Mercúrio, Chumbo,...	Indústria, incineração de resíduos, combustão de gasolina	Indústria: As. Cd. Cr Residential: As, Cr Energy: As, Cd. Cr. Ilg Transporte rodoviário: Cu	Saúde (efeitos cancerígenos)
1SPT inclui todas as partículas em suspensão: PM10, PM2.5, PM1.0 (CITEPA, 2011b) ²Os dados detalhados sobre metais pesados são apresentados de uma forma global. No entanto, cada sector tem uma influência diferente sobre as concentrações destes compostos. Por exemplo, o sector dos transportes é o maior contribuinte de cobre para a atmosfera (CITEPA. 2011a)			

1.1.4. Factores que influenciam a poluição atmosférica :

A dispersão dos poluentes emitidos no tempo e no espaço depende principalmente das condições meteorológicas e topográficas.

1.1.4.1.   Temperatura (T°):

As influências sazonais favorecem a transformação dos poluentes. As baixas temperaturas favorecem a presença e concentração de poluentes primários, enquanto as temperaturas mais elevadas combinadas com a radiação solar são mais favoráveis à reacção fotoquímica.

1.1.4.2.   Velocidade e direcção do vento:

Existe uma relação clara entre a velocidade do vento e os níveis de concentração de poluentes. A dispersão de poluentes aumenta com a velocidade do vento e a turbulência. A velocidade do vento aumenta com a altitude. À medida que os poluentes aumentam, a dispersão horizontal é facilitada pelo vento. Assim, com um vento de força média e más condições de descarga de efluentes (empilhamento demasiado baixo, velocidade insuficiente de ejecção de gás, etc.), pode ocorrer uma precipitação em forma de ameixa em direcção ao solo (Beral-Guyonnet, 1996).

Figura 3: Fenómeno de precipitação de pluma (Aouragh, 2015).

A humidade não só da atmosfera, mas também do solo, influencia as concentrações de poluentes. Desempenha um papel fundamental na formação de certos poluentes, tais como o ácido sulfúrico (nevoeiro ácido) e a sua eliminação (deposição húmida). No entanto, a humidade em relação à nebulosidade também desempenha um papel na redução da radiação solar e assim limita os processos fotoquímicos (Aouragh, 2015).

1.1.4.3.   Topografia local :

Em geral, topografia, obstáculos naturais, construções ou fenómenos de brisa terrestre e marítima são elementos que modificam o fluxo do vento e podem canalizar o fluxo de poluentes em direcções privilegiadas.

Além disso, é o tamanho, forma, densidade dos obstáculos e o seu ambiente que condicionam o fluxo de ar à superfície da terra, o seu tempo de residência e as trocas com a camada limite (Anthony, 2003).

1.1.5. Impacto da poluição atmosférica sobre o ambiente :

As mudanças trazidas pelo homem ao seu ambiente, em particular as actividades industriais, rodoviárias e urbanas e as práticas agrícolas, resultam em várias formas de poluição e perturbação do equilíbrio natural. Estas podem então ter um impacto sobre a saúde da população e a qualidade do ambiente.

Distinguem-se geralmente três níveis espaciais de poluição: local, regional e global (Sportisse, 2008; CITEPA, 2011a).

1.1.5.1.   Impacto a nível local :

A poluição atmosférica actua localmente ao longo de alguns quilómetros e manifesta-se na proximidade de fontes de poluição. No entanto, a esta escala, pode manifestar-se a dois níveis do território: a escala urbana (nível de poluição de fundo) e a escala de proximidade directamente induzida pelas emissões directas de poluentes primários (impacto directo de uma fonte).

A poluição local afecta mais frequentemente directamente a saúde humana e animal através da exposição a substâncias tóxicas, mas também coloca problemas ambientais como resultado da exposição de diferentes espécies animais e vegetais. A esta escala, pode também afectar a flora directamente por meios químicos ou indirectamente, alterando o equilíbrio dos solos, e finalmente os materiais e edifícios por corrosão e incrustação. (OMS, 2003 e 2005).

1.1.5.2.   Impacto a nível regional :

Esta poluição é caracterizada por poluentes secundários com um tempo de vida médio na atmosfera. Os poluentes são depositados por mecanismos meteorológicos, como o vento ou a chuva, por exemplo. É de notar que a esta escala, a poluição terá um impacto mais específico nos ecossistemas circundantes, tais como solos ou vegetação até mais de mil quilómetros em redor da fonte de emissão.

1.1.5.3.   Impacto à escala global :

A destruição da camada de ozono está ligada às emissões de compostos químicos de cloro que são suficientemente estáveis para atingir a estratosfera onde são dissociados pela radiação UV, causando assim o efeito de estufa.

Além disso, esta poluição resulta em diminuições do ozono estratosférico, bem como num risco de alterações climáticas globais através de um aumento do efeito de estufa (Sportisse, 2008; CITEPA, 2011a).

1.1.6. Efeitos da poluição atmosférica sobre a saúde :

Nas últimas décadas, os estudos demonstraram uma forte ligação entre a degradação ambiental e a saúde humana e a presença destes poluentes na atmosfera (Monk, 2009; Anderson, 2009; Kulkarni e Grigg, 2008; FNORS, 2008).

Segundo a OMS, a poluição atmosférica nas zonas urbanas aumenta o risco de doenças respiratórias agudas e crónicas e de doenças cardiovasculares.

Por outro lado, muitas vezes não é a agressão de um poluente específico que está em falta, mas sim uma combinação de factores. O sintoma específico de um poluente é apenas o indicador de uma fragilidade mais geral (Nicolas, 1996).

1.2. Poluição atmosférica causada pelo tráfego rodoviário :

1.2.1. Generalidades :

A questão do tráfego rodoviário é um verdadeiro desafio para a maioria das grandes cidades, não só em termos de saúde, mas também em termos de desenvolvimento sustentável e de redução das desigualdades ambientais (Frere et al., 2005).

Embora os efeitos da poluição atmosférica urbana sobre a saúde sejam bem reconhecidos, coloca-se a questão de saber se existe um risco acrescido na proximidade de fontes de emissão e, em particular, na proximidade do tráfego rodoviário (Brunekreef et al. 2003).

As emissões poluentes dos veículos rodoviários são determinadas utilizando o modelo europeu COPERT (Programa informático para calcular as emissões do transporte rodoviário) e dependem de vários parâmetros relacionados com :

- As características do veículo em circulação (veículo de passageiros, veículo comercial ligeiro, veículo pesado de mercadorias, veículo de duas rodas);
- Idade dos veículos;
- Tipo de combustível e motor (gasolina, gasóleo, GPLc),
- Tipo de veículo ;
- Redes emprestadas.

A combinação de modelos de tráfego integrando dados de contagem e elementos estatísticos, a fim de ter uma representação realista do tráfego na estrada, e dos factores de emissão, permite obter um valor da taxa de emissão no local (Rahal Farid, 2015)

1.2.1.1. As características do veículo em circulação

Como as emissões de CO_2 estão a crescer ligeiramente menos do que o tráfego, isto significa que as emissões unitárias estão a diminuir em média. A Figura 4 mostra que este é o caso dos veículos ligeiros, onde o factor de emissão agregado caiu de 273 g/km em 1973 para 215 em 2000: esta evolução é uma combinação da melhoria muito mais significativa na tecnologia dos motores e o aumento paralelo da massa, potência e características de conforto dos veículos, que funcionam em direcções opostas. As emissões unitárias médias e o consumo aumentaram para os motociclos de duas rodas, de 83 para 99 g/km em 27 anos, graças à propagação de motociclos potentes, que estão de facto a substituir parcialmente os ciclomotores. Do mesmo modo, as emissões dos veículos pesados estão a aumentar, de 935 para 1002 g/km entre 1973 e 2000, e espera-se que este crescimento continue a um ritmo mais moderado no futuro.

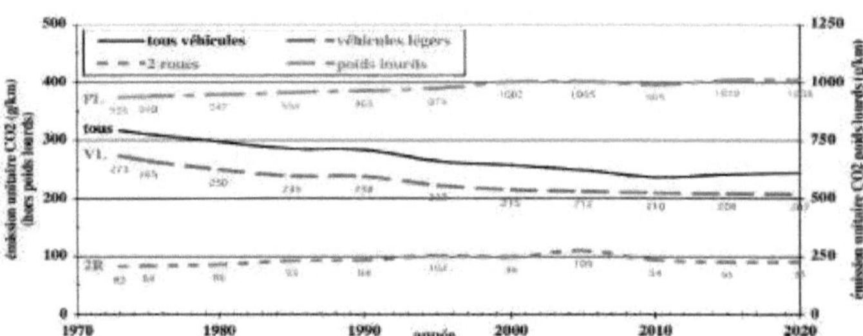

Figura 4: Evolução dos factores médios de emissão de CO2 por tipo de veículo rodoviário.

A situação é mais favorável para os NOx, em que o factor de emissão médio para veículos ligeiros (gasolina e gasóleo combinados) foi reduzido para menos de metade desde os anos 70 e espera-se que seja ainda mais reduzido por um factor de quase quatro até 2020. Para camiões, autocarros e camionetas, o factor de emissão diminuiu apenas um terço e espera-se que seja reduzido num factor de quase três nos próximos 20 anos. Por outro lado, o factor de emissão para os veículos motorizados de duas rodas aumentou: mais do dobro nos últimos 30 anos, mas ainda é nove vezes inferior ao dos automóveis; em 2020, mal deverá ser inferior.

1.2.1.2.   Tipo de combustível e motor

a. Veículos movidos a gasolina:

Se a combustão estivesse completa, todo o combustível seria transformado em CO_2 e H_2O. Na realidade, está incompleto e o veículo também emite enxofre e óxido nitroso.

Nestes tipos de motores, as partículas em suspensão têm três origens distintas: chumbo dos combustíveis com chumbo, sulfatos do enxofre nos combustíveis e fuligem. Com combustíveis com chumbo, as emissões de partículas, que estão na ordem dos 100 a 150 mg/km de distância para gasolina com chumbo 0,15g/L, contêm 25 a 60% da sua massa como chumbo. Este tipo de partículas é formado pela condensação dos sais de chumbo emitidos no escape; observa-se assim que os veículos a gasolina com e sem chumbo emitem respectivamente 6 e 20 vezes menos partículas do que os veículos a diesel correspondentes (Louadah Hadjila, 2016).

b. Veículos a gasóleo :

Entre os diferentes tipos de automóveis, os veículos a diesel estão a ganhar terreno devido à sua robustez, longevidade, fiabilidade e especialmente pela sua boa eficiência energética. Contudo, o gasóleo tem desvantagens que consistem na emissão de partículas (fuligem, hidrocarbonetos não queimados) e NO_x (Louadah Hadjila, 2016).

1.2.2. Emissões de acordo com o ciclo de condução:

Foram desenvolvidas várias famílias de ciclos de condução representativas da utilização e das condições normais de funcionamento dos veículos, que são utilizadas nas seguintes medições das emissões poluentes (Joumardr& al. 1999).

1.2.2.1.   Emissões frias:

A noção de distância fria é definida como a distância após o início frio que é necessária para que a emissão se estabilize em torno do seu valor quente. Esta distância varia em função do poluente e do tipo de veículo, e também varia bastante em função da velocidade média. No entanto, para uma primeira aproximação, está perto dos 6 km (Joumard r & al. 1999).

1.2.2.2.   Emissões em função da velocidade :

O aumento da velocidade do tráfego aumenta as emissões de poluentes, em particular de óxidos de azoto. Como mostra a Figura II-1, a velocidade óptima, ou seja, a velocidade a que as emissões são reduzidas ao mínimo, varia de acordo com o tipo de emissão.

Em geral, as emissões são optimizadas a uma velocidade constante de 40-90 km/h. O ozono, que provém de reacções químicas envolvendo hidrocarbonetos, óxidos de azoto e luz solar, é influenciado pelas emissões dos veículos e, portanto, pela velocidade (Louadah Hadjila, 2016).

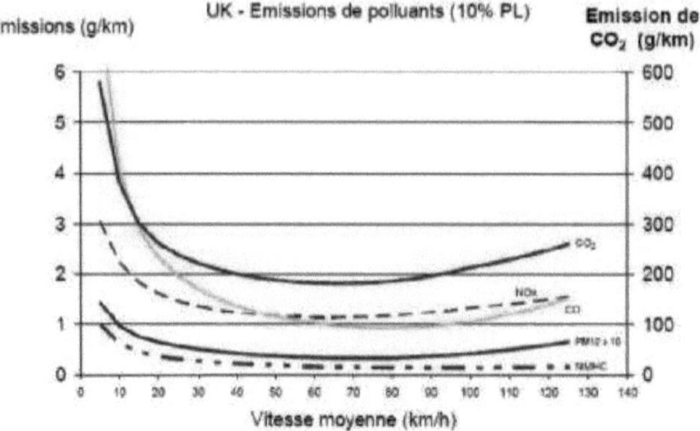

Figura 5: Emissões em função da velocidade dos veículos (Fonte: Departamento de Transportes do Reino Unido).

1.2.3. Poluentes atmosféricos do tráfego rodoviário :

Os principais poluentes atmosféricos emitidos pelos veículos são :

- **Óxidos de azoto (NOx)** formados a alta temperatura pela oxidação do azoto no ar, principalmente NO e NO2, a origem destes poluentes foi de 75% devido ao tráfego rodoviário em 2005... (Royal Commission on Environmental Pollution, 1994);

- **Monóxido de carbono (CO):** À temperatura ambiente, o monóxido de carbono (CO) é um gás incolor, inodoro e sem sabor. É muito ligeiramente solúvel em água. O seu peso molecular é de 28,01 AMU. A sua densidade relativa ao ar é de 0,97, o que explica a sua rápida difusão a partir do momento em que é emitido. O monóxido de carbono provém da combustão incompleta dos produtos de carbono. É emitido principalmente pelos transportes, mas também por diversas actividades industriais (produção de energia térmica e eléctrica), pela natureza (fermentação na biosfera, vulcões, incêndios vegetais) e pelo aquecimento colectivo (Louadah Hadjila, 2016);

- **Matéria particulada (PM):** tem origem no escape (principalmente de veículos diesel sem filtros de partículas), emissões sem escape e ressuspensão (Aubertin, 1996). São compostos por carbono, hidrocarbonetos adsorvidos (líquidos ou sólidos), e partículas em suspensão.

(Pagotto, 1999);

- **Compostos orgânicos voláteis (COV):** incluindo hidrocarbonetos (alcanos, alcenos, aromáticos monocíclicos e em particular benzeno e tolueno...) e compostos de oxigénio (aldeídos, ácidos, cetonas, éteres...). A evaporação de combustível durante o enchimento de tanques e o abastecimento de veículos é também uma fonte de emissões, particularmente para a gasolina, que é mais volátil que o gasóleo (Royal Commission on Environmental Pollution, 1994);

- **Dióxido de enxofre (SO2):** Também conhecido como dióxido de enxofre, SO2 é um gás incolor, mais pesado que o ar, inflamável, solúvel em água e com um odor pungente. É o poluente clássico por excelência, já que é um dos mais bem estudados. Tem sido tomado como testemunha da poluição atmosférica durante muitos anos. Nas grandes cidades industriais, liga-se com partículas para formar complexos SO2. Na presença de humidade e oxidantes, é transformado em ácido sulfúrico (Louadah Hadjila, 2016);

- **Compostos metálicos:** especialmente chumbo, que resultam da combustão de aditivos no combustível. São emitidos principalmente como compostos inorgânicos particulados: no caso do chumbo, estes podem ser compostos halogenados relativamente solúveis, óxidos menos solúveis ou sulfatos e carbonatos pouco solúveis (Pagotto, 1999);

- **Ozono (O3):** É uma molécula de oxigénio altamente reactiva contendo três átomos O. É um gás azul pálido, moderadamente solúvel na água, instável, com um odor doce. O ozono é o principal indicador da poluição fotoquímica que se forma no ar sob o efeito da radiação solar de compostos orgânicos voláteis, óxidos de azoto e monóxido de carbono emitidos por descargas de efluentes industriais e automóveis (Louadah Hadjila, 2016).

Além disso, o CO, NOx e COV evoluem quimicamente na troposfera sob o efeito da radiação solar, e são a causa da poluição fotoquímica caracterizada pela produção de ozono e outras espécies perigosas para a saúde e o ambiente (peroxiacetilnitratos, aldeídos, ácido nítrico, água oxigenada, ...) (Royal Commission on EnvironmentalPollution, 1994).

1.2.4. O que faz com que a quantidade de poluentes emitida varie?

As quantidades de poluentes libertadas pelo veículo durante uma unidade de utilização (quilómetro ou segundo) são denominadas "emissões unitárias". Estas emissões são o resultado de uma série de variáveis: tipo de veículo, comportamento do condutor, condições de trânsito, características da estrada e do tempo. Após uma breve descrição destes factores, discutiremos as dificuldades de medição destas emissões unitárias - cuja estimativa é essencial neste trabalho - e a fiabilidade destas últimas.

1.2.4.1.　Factores relacionados com o veículo

As características do veículo têm uma grande influência nas emissões da unidade: tipo de veículo, tecnologias utilizadas, idade do veículo, tipo de combustível, mas também manutenção, nível de carga e aerodinâmica.

Em geral, quanto mais pesados forem os veículos, maiores serão as necessidades energéticas, maior será o consumo de combustível e maiores serão as emissões. No entanto, a emissão de poluentes de alguns pequenos cilindros de duas rodas (ou três rodas) pode atingir um nível superior ao dos automóveis (CO, HC+NOx).

Finalmente, deve notar-se que um veículo carregado (ou com aerodinâmica reduzida: suporte de tecto, janelas abertas, etc.) emite uma maior quantidade de poluentes uma vez que o seu motor deve desenvolver mais potência para atingir uma determinada velocidade (daí um aumento do consumo de combustível) do que quando o veículo está vazio ou mais aerodinâmico (Aouragh, 2015).

1.2.4.2.　Factores relacionados com as condições de tráfego

As emissões variam muito dependendo das condições de tráfego: urbano lento, urbano de fluxo livre, rodoviário, auto-estrada, etc. De facto, as fases de aceleração e desaceleração, o comprimento das paragens nos semáforos (motor em marcha lenta) têm um grande efeito nos níveis de emissões. No tráfego urbano congestionado, as emissões de HC, CO, CO2 e NOx são principalmente devidas aos veículos a gasóleo, enquanto as emissões de NOx dos veículos a gasolina são menos influenciadas pelas condições de tráfego, embora sejam quase duas vezes mais elevadas nas auto-estradas rápidas do que no tráfego urbano altamente congestionado. Assim, tanto as baixas como as altas velocidades nas auto-estradas contribuem para o aumento das emissões. Finalmente, as emissões são mais elevadas quando o veículo está frio (arranque) (Aouragh, 2015).

1.2.4.3.　Factores relacionados com a estrada

A estrada em que um veículo viaja também influencia as suas emissões. Dois parâmetros devem ser tidos em conta: a altitude e o declive.

Os automóveis estão sintonizados para terem emissões mínimas ao nível do mar; aumentam consideravelmente com a altitude: emitem 4 vezes mais CO a 2500m. A inclinação, que muitas vezes anda a par com as altitudes elevadas, piora o nível de emissões dos veículos: tal como o peso ou a limitação da aerodinâmica, a inclinação obriga o motor a desenvolver mais potência, logo o seu consumo e, finalmente, a rejeitar mais poluentes. A inclinação leva portanto a um aumento considerável das emissões (Joumard et al. 1990, p.56), especialmente para veículos ligeiros e quando a inclinação é superior a 4% (Joumard et al. 1990, p.38).

Quadro 4: Aumento médio absoluto das emissões (em g/km) para cada adicional percentagem de declive adicional (Joumard et al. 1990, p56).

Poluente	CO	CO_2	HC	NOx	Consumo
Sobre-emissão (g/km por % de declive)	0.85	17.0	0.061	0.49	5.52

1.2.4.4. Factores climáticos

Durante o arranque a frio, e enquanto o motor não tiver atingido 70°C [DEGOBERT, 1992, p163], as emissões são mais elevadas. A temperatura do ar também desempenha um papel, uma vez que determina o tempo que o motor necessitará para atingir esta temperatura. Quanto mais baixa for a temperatura ambiente, mais longo será o tempo de aquecimento. Para além das emissões poluentes mais elevadas no Inverno, muitos poluentes gasosos são depositados devido à baixa luz solar e temperaturas baixas (Ettala et al. 1986).

O vento, ao abrandar ou facilitar a circulação de veículos, é outro parâmetro que influencia as emissões. Finalmente, a luz solar não desempenha um papel nas emissões directas dos veículos, mas a radiação UV é o gatilho da química atmosférica que conduz à formação de poluentes secundários, principalmente o ozono (Lunde, 1976).

1.2.4.5. Factores relacionados com o condutor

É essencialmente uma questão de estilo de condução. Um veículo conduzido de forma "agressiva ou de alto desempenho" (aumento elevado das relações de transmissão, aceleração, travagem, velocidade deliberada) emitirá mais poluentes do que o mesmo veículo conduzido de forma "normal ou económica". As diferenças entre os dois estilos de condução são significativas na maioria dos casos, e estão principalmente no aumento da velocidade (PILLOT, 1997, p.179). O quadro seguinte mostra a influência da aceleração no total das emissões. Os números propostos mostram em que proporção a aceleração de um automóvel de passageiros quando a velocidade é estabilizada com a de um ciclo de condução "real" (de velocidade média equivalente), mas com fases de aceleração e desaceleração.

Quadro 5: Emissões percentuais relacionadas com acelerações (comparação do ciclo "real" e velocidade estabilizada) (Joumard et al., 1990, p.31).

	Velocidade (km/h)	CO	CO	HC	NÃO	Partículas	Consumo
Gasolina não catálise	15	53	18	58	65	-	33
	90	47	14	30	11	-	22
	15	2	28	35	30	40	40
Diesel	90	7	17	29	21	27	18

1.1.1.6.   A Frota Mundial de Automóveis

É de notar que este desenvolvimento do automóvel dificulta a qualidade do ar ao

O aumento de tais emissões é ilustrado na Figura 6

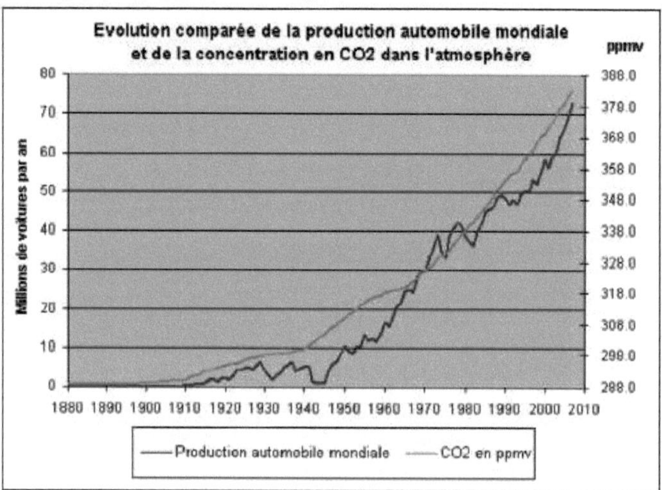

Figura 6: Evolução comparativa da produção global de automóveis e concentração de CO2 na atmosfera (Fonte: Car Free France).

Tomando o exemplo da Argélia, as emissões devidas ao consumo de combustível relacionadas com o transporte são muito importantes. De facto, as emissões devidas ao transporte rodoviário em 1994 foram da ordem de: 702.814 toneladas de monóxido de carbono, 147.717 toneladas de óxido de azoto, 13.772 toneladas de dióxido de carbono e 115.019 toneladas de compostos orgânicos voláteis (COV) (Boughedaoui, 2007).

Além disso, a Argélia é chamada a reflectir sobre os meios para reduzir as emissões de gases com efeito de estufa (GEE) e poluentes nocivos, ao mesmo tempo que desenvolve ferramentas para monitorizar e avaliar a qualidade do ar.

1.2.5. Impactos do transporte rodoviário

As emissões do transporte rodoviário são reconhecidas como tendo um impacto significativo na qualidade do ar. Além disso, as emissões de , que são um bom indicador e traçador da poluição dos automóveis (CITEPA, 2011a), dependem da intensidade das fontes de emissão reflectidas pelo tráfego rodoviário. Isto exige uma melhor compreensão das características das emissões de diferentes fontes relacionadas com o tráfego, a fim de realizar estudos de repartição de fontes e de efeitos sobre a saúde. Além disso, o transporte rodoviário é a componente mais importante das emissões da UE (85%) (Ministério do Comércio e Indústria, 2004). Sabe-se que as emissões dos transportes rodoviários contribuem em grande medida para a concentração total de partículas (PM) nas áreas urbanas. Além disso, está demonstrado que a exposição a estas partículas tem efeitos adversos na saúde humana. De facto, um estudo realizado em Inglaterra afirma que as emissões dos transportes causam cerca de 7500 mortes prematuras por ano (Yim e Barrett, 2012). Outros estudos demonstraram que indivíduos que vivem ou trabalham perto de estradas principais estão em risco acrescido de doenças cardiovasculares e respiratórias e de morte prematura (Aouragh, 2015).

1.2.6. Normas específicas para o transporte rodoviário

1.2.6.1.   No mundo

A natureza perigosa dos poluentes atmosféricos levou a União Europeia a legislar: directivas e normas foram implementadas para limitar e controlar as emissões poluentes, entre outros, do transporte rodoviário (Al-Barakeh, 2012). Além disso, a maioria dos países adoptou regulamentos sobre poluentes de veículos, a fim de estabelecer valores-limite de emissão em alguns deles.

1.2.6.2.   Quadro regulamentar e legislativo na Argélia

a. Ponto da situação:

Os regulamentos argelinos relativos à inspecção técnica de veículos novos estão incluídos nos seguintes textos principais: *J* Arrete du 05 - 09 - 1984: condições técnicas de récepção. *J* Decreto N° 88-06 de 19-01-1988 e N° 04-381 de 28 de Novembro de 2004: regras de circulação rodoviária;
Lei 01-14 de 19 de Agosto de 2001: organização, segurança e polícia de trânsito;

Decreto Executivo n.º 03-410 de 05-11-2003: Limites máximos de poluentes e partículas de veículos novos importados e inspecção técnica dos veículos em serviço;

decreto executivo n° 07-390 de 12-12-2007: Termos e condições para a comercialização de veículos novos.

Nenhum destes textos limita o nível de consumo de combustível dos veículos importados. Estes textos também não obrigam os concessionários a informar o público sobre o nível de consumo dos veículos. Alguns concessionários não incluem sequer esta informação nas fichas técnicas dos veículos, outros indicam valores de consumo sem especificar a base de estimativa, o que os torna pouco fiáveis e inutilizáveis (Aouaragh, 2015).

b. Questões de regulamentação do consumo de combustível na Argélia :

Estas questões são múltiplas. Incluem a questão de :

A situação económica em que o consumo de combustível no sector dos transportes representa quase o consumo total de produtos petrolíferos na Argélia (quase 10.000.000 toneladas em 2009); uma melhoria na eficiência energética dos veículos permitirá uma redução substancial do consumo nacional de combustível. Neste contexto, os ganhos obtidos na Europa (15% entre 1995 e 2007 e 40% entre 2007 e 2020) devem ser recordados.

O sector dos transportes é uma importante fonte de poluição atmosférica na Argélia, particularmente nos grandes centros urbanos onde a situação se tornou preocupante.

Isto acontece porque os veículos que consomem menos energia são frequentemente de tecnologia mais recente. A regulamentação do consumo irá, portanto, melhorar o nível tecnológico dos motores da frota nacional de veículos. (Aouaragh, 2015).

c. Regulamento em estudo

Tendo em conta o interesse económico, ambiental e tecnológico de regular o consumo de combustível, foi criado um comité intersectorial, que reúne todos os departamentos ministeriais interessados, para propor uma regulamentação que, seguindo o exemplo dos sistemas em vigor no mundo, deveria ter os seguintes objectivos principais

Melhorar a eficiência energética dos veículos, estabelecendo limites de consumo de combustível para os veículos importados;

Informar e educar o público sobre questões de eficiência energética em geral e sobre o consumo de combustível automóvel em particular;

Indicação obrigatória do consumo de combustível e das emissões dos veículos em utilização urbana, rodoviária e combinada nas fichas de dados técnicos dos veículos;

A elaboração de um guia, destinado ao público, que indicará o consumo de combustível e os níveis de emissões de todos os veículos postos à venda na Argélia (Aouaragh, 2015).

CHAPITRE 2 : POLLUANTS METALLIQUES

Neste estudo, serão estudados quatro poluentes metálicos. Porquê distinguir estes quatro metais?

Para o chumbo, cádmio e mercúrio, existe uma razão histórica. Os primeiros bioquímicos distinguiram estes três metais devido à sua afinidade com o enxofre, o que lhes permitiu identificar proteínas (que precipitam fortemente). Têm uma condutividade eléctrica elevada, o que explica a sua utilização em muitas indústrias.

Em contraste com os três primeiros, o último, em doses baixas, é essencial para vários organismos vivos e só se torna tóxico acima de um determinado limiar.

2.1.Geral :

Os metais pesados, chamados metais vestigiais, são metais com uma densidade superior a 5 g/cm^3 . Podem ser encontrados no ar, na água e no solo. Como o petróleo, o carvão e a madeira contêm quase todos os elementos químicos, incluindo metais pesados, em diferentes quantidades, segue-se que durante a combustão estes metais pesados ou os seus compostos chegam ao ar e podem chegar directamente ao solo, muitas vezes adsorvidos na água do ribeiro.

Os metais pesados podem provir de duas fontes principais; natural e antropogénica. A principal fonte natural de metais pesados provém da crosta terrestre, que ou se desgastou (dissolveu) e erodiu (partículas) da superfície terrestre ou injectou na atmosfera terrestre através da actividade vulcânica.

Existem diferentes fontes de metais pesados que contaminam a atmosfera. Estes metais são por vezes também referidos como metais vestigiais ou elementos metálicos vestigiais.

As fontes antropogénicas de metais (geradas por actividades humanas) são numerosas, especialmente em áreas urbanas através das emissões do tráfego automóvel. Estas emissões estão ligadas a vários fenómenos: combustão de combustível, corrosão da carroçaria, abrasão dos travões e pneus.

Nas imediações das estradas, os elementos metálicos provêm principalmente da poluição antropogénica em particular. Cada metal tem as suas próprias características e impacto (CETE Nord Picardie, 2004).

2.2.Propriedades físico-químicas dos poluentes metálicos de origem

rodoviária :

De um ponto de vista geoquímico, Victor Moritz Gold, (1888-1947) pode distinguir os elementos em diferentes classes, por exemplo

2.2.1. Elementos químicos, chamados atmófilos, que se acumulam principalmente na atmosfera terrestre, tais como oxigénio e gases nobres, mas também muitos metais, tais como mercúrio e chumbo, são transportados principalmente através da atmosfera. Muitos destes elementos ou são eles próprios voláteis ou encontram-se sob a forma de compostos relativamente voláteis, como por exemplo o bromo-cloreto de chumbo;

2.2.2. Os elementos químicos, chamados litófilos, tais como sódio, magnésio, alumínio, cloro, tendem a acumular-se na litosfera como óxidos, silicatos, ou outros compostos. São transportados principalmente pelos rios para os oceanos; para estes elementos, esta forma de transporte é muito mais importante do que através da atmosfera.

2.2.3. Solubilidade :

A solubilidade da água indica a tendência para o metal ser mobilizado por lixiviação ou escorrimento. A solubilidade depende do elemento, das condições químicas da fase aquosa e das fases sólidas circundantes.

A solubilidade de um elemento pode variar de acordo com a sua especiação, ou seja, a sua distribuição entre diferentes estados de valência, que é um parâmetro essencial para o arsénico e o crómio em particular.

2.2.4. Volatilidade :

A volatilidade afecta a libertação evaporativa natural de poluentes dos solos. Os metais são geralmente considerados como não voláteis.

Ao contrário dos contaminantes orgânicos, os poluentes metálicos são indefinidamente estáveis enquanto tal e não se degradam no ambiente.

2.3.Distribuição e ciclagem de metais pesados :

A poluição metálica varia geralmente em todas as três dimensões do espaço. As concentrações mostram grandes variações no espaço em relação às fontes de emissão, na sua maioria com grandes coeficientes de variação, mas existem zonas de transição.

As concentrações mostram grandes variações no espaço em relação às fontes de emissão, geralmente com grandes coeficientes de variação, mas existem zonas de transição. É portanto difícil caracterizar a variabilidade das concentrações em grandes áreas contaminadas por precipitação atmosférica.

Para comparar tais emissões antropogénicas e naturais, é conveniente utilizar o factor de interferência atmosférica, IA, que é a razão entre as emissões antropogénicas e naturais.

$$IF = \frac{\text{émissions anthropogéniques totales}}{\text{émissions naturelles totales}}$$

Um FI de 1 = 100% significa que as emissões de fontes naturais e antropogénicas são equilibradas. Quando IF >100%, as emissões antropogénicas dominam; é o caso de metais tóxicos como o chumbo e o cádmio. Quando IF<100%, há mais emissões naturais do que as emissões antropogénicas.

O estudo da mobilidade dos metais em termos de quantidade, e do destino dos metais em função da ocupação, envolve a identificação de vias de entrada e de transferência, bem como as estruturas espaciais e a qualificação das proporções das piscinas entropicas e endógenas.

Como todos os elementos, os metais também participam em ciclos. Neste transporte global, a atmosfera é o meio de transporte mais importante para alguns metais. (Chumbo, cobre...etc.) (Bliefert, 2011).

2.3.1. Poluição atmosférica :

Os metais pesados dispersam-se na atmosfera superior e voltam a cair depois de serem transportados por distâncias muito longas. Estima-se que uma partícula de mercúrio na atmosfera permanece na atmosfera durante um ano antes de cair de novo. Os metais pesados no ar podem ser encontrados principalmente sob duas formas:

• Ou na forma gasosa para certos compostos metálicos voláteis ou aqueles com uma pressão de vapor de alta saturação.

• Ou sob a forma de compostos metálicos sólidos, depositados sobre as partículas muito finas ou pó formado durante a combustão.

As principais fontes de metais no ar são fontes estacionárias. Os metais pesados são transportados por partículas transportadas pelo ar a partir de combustão a alta temperatura, fusão metalúrgica, veículos. Os efeitos biológicos, físicos e químicos destas partículas dependem da dimensão, concentração e composição das partículas, sendo o parâmetro ambiental mais eficaz a dimensão das partículas. No ar ambiente, existem muitos elementos, tais como chumbo, cádmio, zinco, cobre, etc., cuja concentração é tanto maior quanto mais finas são as partículas

2.3.2. Poluição do solo :

Todos os solos contêm naturalmente vestígios de metais. A poluição do solo por metais vestigiais ocorre quando o conteúdo de elementos vestigiais do solo está acima da concentração natural, mas não influencia a qualidade do solo.

Os metais pesados são transportados para os solos por dois processos, o primeiro dos quais diz respeito à deposição seca ou húmida. Desde o início da era industrial e o desenvolvimento do transporte, as entradas atmosféricas têm aumentado. Por um lado, o vento e a atmosfera transportam os insumos de longe ou mesmo de perto. Estes insumos são depositados regularmente e podem ser absorvidos directamente pelas plantas, mas a maioria deles entra no solo a partir da superfície.

Por outro lado, a água da chuva lixivia a atmosfera e solubiliza os vestígios de metais antes de cair no solo. O componente mais importante é a lixiviação de superfícies impermeáveis pelo escoamento da água da chuva (Carole Delmas-Gadras, 2000).

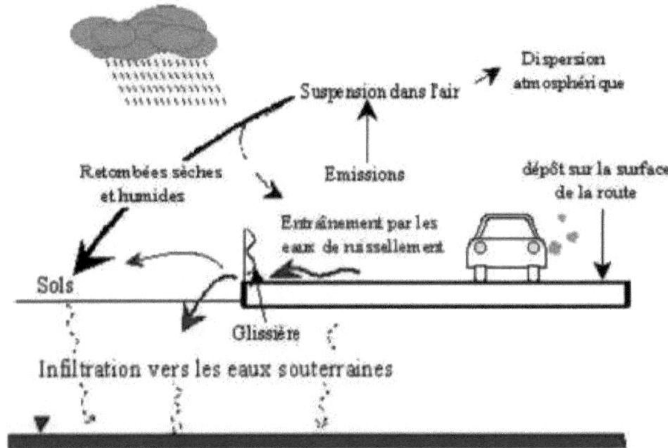

Figura 7: Modo de transferência de emissões poluentes para o solo e águas subterrâneas (Carole Delmas-Gadras, 2000).

2.3.3. Qualidade das águas pluviais e do escoamento superficial:

Durante a precipitação, a água da chuva é carregada com poluentes presentes na atmosfera antes de ser lavada sobre superfícies por escoamento. A proporção de poluição no escoamento que provém da atmosfera poluída é estimada entre 15% e 25%. Muitos autores estudaram a qualidade do escoamento superficial das estradas, e os estudos são numerosos e variados. Entre outros, podemos citar (Pagotto1999).

2.3.4. Poluição da água :

É bastante difícil prever a evolução dos metais pesados no ambiente porque podem sofrer um grande número de transformações (oxidação, redução, etc.). Esta evolução depende fortemente do ambiente. De facto, a migração de metais pesados para o lençol freático depende de muitos parâmetros: a forma química inicial do metal, a permeabilidade do solo e subsolo, e o conteúdo de matéria orgânica do solo.

As principais fontes de contaminação da água são: águas residuais domésticas e industriais, produção agrícola, poluentes atmosféricos (Louadah Hadjila, 2016).

2.4. Assimilação de poluentes metálicos por corpos vivos:

2.4.1. Exibição:

Os seres humanos são expostos através da inalação de poluentes transportados pelo ar, consumo de água contaminada, exposição a solo contaminado por resíduos industriais. Os metais podem ser absorvidos sob a forma inorgânica ou na forma orgânica. Para alguns elementos, como o arsénico e o cobre, a forma inorgânica é a mais tóxica. Para outros, tais como Hg, Sn e Pb, as formas orgânicas são as mais tóxicas (GHEZRI). A quantidade de metais absorvida por um ser humano tem uma influência directa na sua saúde. Pode apresentar uma toxicidade' (pico de poluição no ar ou na água), ou uma toxicidade devida a um efeito cumulativo (por uma exposição contínua ao ambiente poluído ou porque o homem se encontra no fim da cadeia alimentar).

Os metais pesados acumulam-se nos organismos vivos e perturbam os equilíbrios e mecanismos biológicos, causando efeitos tóxicos. Podem afectar o sistema nervoso, as funções renal, hepática e respiratória, etc.

2.4.2. Efeitos na saúde humana :

De facto, o risco para a saúde humana está principalmente associado às propriedades dos metais pesados de poluir o ar, a água, os alimentos e o solo. Depende também do estado químico da sua forma química, da sua concentração, do contexto ambiental e da possibilidade da sua passagem na cadeia viva. Alguns metais pesados, tais como Zn, Cu, Mn e Fe, são essenciais para o crescimento e bem-estar dos organismos vivos. Contudo, pode esperar-se que tenham efeitos tóxicos quando os organismos são expostos a concentrações mais elevadas do que normalmente exigem. Outros elementos, tais como Pb, Hg e Cd, não são essenciais para actividades metabólicas e exibem propriedades tóxicas (Quadro 6) (GHEZRI).

Quadro 6: Principais efeitos dos metais pesados na saúde.

Elementos	
AS	Tóxico, possível cancerigénico
Cd	Hipertensão arterial, danos hepáticos
Cu	Irritação dos músculos respiratórios e oculares, dor epigástrica, dor de cabeça, náuseas, tonturas, vómitos, diarreia, taquicardia, insuficiência renal
Zn	Tóxico para as plantas a níveis elevados
Hg	Toxicidade crónica e aguda
Pb	Neurotóxico, responsável por envenenamento por chumbo, perturbações do desenvolvimento cerebral, perturbações psicológicas e dificuldades de aprendizagem em crianças, pode ser cancerígeno.
Nem	Alergias de pele, possíveis doenças respiratórias causadoras de cancro.
Cr	Cancerigénico sob a forma de Cr(VI)
Ir para	Essencial em doses baixas, tóxico em doses altas

Os efeitos toxicológicos sobre a saúde pública do cádmio, mercúrio e chumbo foram amplamente documentados em trabalhos anteriores (GHEZRI).

2.4.3. Toxicidade :

Qualquer elemento, seja inútil, útil ou essencial, pode causar problemas metabólicos em todos os organismos vivos quando absorvido em níveis superiores aos normais.

Os organismos vivos necessitam apenas de uma pequena quantidade de metais pesados. É portanto possível que o seu aumento na água, ar e solo seja perigoso e em doses elevadas tenha efeitos tóxicos (GHEZRI).

2.5. Assimilação de poluentes metálicos na vegetação :

2.5.1. Transferência de metais pesados para o solo :

Para muitas plantas, concentrações excessivas de metais levam a perturbações metabólicas tais como substituição de iões essenciais por iões não essenciais, competição por sítios entre iões metálicos e metabolitos essenciais, alterações na permeabilidade das células membranares, etc. Os efeitos visíveis da toxicidade variam entre espécies, mas os sintomas mais comuns são manchas cloróticas ou castanhas nas folhas, raízes castanhas e danificadas, necrose e uma diminuição significativa no rendimento das culturas. Outros efeitos menos visíveis, tais como inibição das raízes, fotossíntese reduzida, etc. (Hammadache Zineb, 2016).

2.5.2. Absorção radicular :

A principal via de captação de metais é por simples difusão através da apófase do córtex radicular e endoderme (via apopática). O transporte de elementos metálicos através da parede celular é passivo (não metabólico e, portanto, na direcção do gradiente de concentração) através dos poros da rede de celulose, hemicelulose e glicoproteínas. No entanto, alguns dos iões podem ser adsorvidos pelas cargas superficiais negativas do ácido poligalacturónico das pectinas, que actuam como permutadores de iões. Depois, na endoderme, o transporte pode tornar-se activo na membrana plasmática das células da banda caspária, permitindo desta vez uma transferência contra o gradiente de concentração ((Hammadache Zineb, 2016).

2.5.3. Penetração de oligoelementos por partes transportadas pelo ar :

Os oligoelementos fazem parte dos materiais minerais e organominerais que compõem o pó fino no ar, que se deposita nas folhas, caules e frutos. A contaminação do ar é geralmente baixa, excepto quando a deposição atmosférica é elevada: em certos locais, tais como áreas industriais ou para certos elementos como Pb, devido aos resíduos de combustão da gasolina com chumbo. Os elementos vestigiais essenciais, bem como os não essenciais, podem ser recolhidos pelas folhas. Na forma gasosa (por exemplo, Se (g), As (g), Hg (g)) (que podem, entre outras coisas, emanar do solo), entram nas folhas através dos estomas; na forma iónica, entram principalmente através das cutículas das folhas (Hammadache Zineb, 2016).

2.6. Os principais metais pesados :

2.6.1. Chumbo (Pb) :

a. Geral :

Uma importante fonte de emissões de chumbo para a atmosfera tem sido o transporte, uma vez que o chumbo tem sido adicionado à gasolina há muito tempo como um anti-detonante. Como resultado, contamina frequentemente a terra ao longo das bermas das estradas. O chumbo é emitido para a atmosfera a partir do processamento de minerais e metais na indústria e, em menor grau desde a introdução de combustíveis sem chumbo, a partir de veículos motorizados a gasolina em fontes móveis. Neste último caso, o chumbo é utilizado como um anti-detonante sob a forma de chumbo tetrametil e tetraetil (CETE Nord Picardie, 2004).

b. Rotas de exposição :

O chumbo pode entrar no corpo humano por três vias:

* por inalação de vapor de chumbo ou pó (óxido de chumbo)

* por ingestão, quer seja chumbo que é primeiro inalado e depois ingerido como resultado de processos de depuração pulmonar, ou chumbo que é ingerido directamente com alimentos ou com pó nas mãos ou objectos colocados na boca, especialmente em crianças pequenas.

* mais raramente pela via cutânea (Gerard Miquel, 2001).

c. Efeitos nos seres humanos :

- Os efeitos nos adultos: O envenenamento por chumbo refere-se a todas as manifestações de envenenamento por chumbo. As cólicas de chumbo são o efeito tóxico mais conhecido do chumbo, mas os principais órgãos alvo são o sistema nervoso, os rins e o sangue.

> **Efeitos sobre o sistema nervoso**: *O* chumbo é responsável por danos neurológicos. No caso de intoxicação maciça, o efeito neurotóxico do chumbo pode resultar numa encefalopatia convulsiva que pode levar à morte. No caso de intoxicação menos grave, foram observadas perturbações neuro-comportamentais e deterioração intelectual.

> **Efeitos na medula óssea e no sangue**: *O* chumbo bloqueia várias enzimas necessárias para a síntese da hemoglobina. Estes efeitos no sangue resultam numa diminuição do número de eritrócitos e anemia.

> **Cancro**: Doses elevadas de chumbo induziram o cancro do rim em pequenos roedores. Contudo, não foram encontradas provas de excesso de mortalidade por cancro em populações expostas ao chumbo (Gerard Miquel, 2001).

- Intoxicação em crianças : O risco de envenenamento por saturnina é maior nas crianças pequenas, especialmente entre os 1 e 3 anos de idade:

> a absorção digestiva de derivados de chumbo é maior do que nos adultos: com a mesma exposição, o corpo da criança absorve 50% do chumbo ingerido, enquanto a proporção nos adultos é de apenas 5 a 7%,

> os efeitos tóxicos, com igual impregnação, particularmente no desenvolvimento do sistema nervoso central, são maiores e mais graves.

O sistema nervoso central das crianças é particularmente sensível à acção tóxica do chumbo. Uma encefalopatia convulsiva ocorre normalmente quando os níveis de chumbo rondam os 1.000 ug/l. Nunca foi observada quando a concentração de chumbo no sangue é inferior a 700 ug/l.

Em crianças com níveis de chumbo entre 500 e 700 ug/l, observam-se frequentemente perturbações neurológicas menos graves: redução da actividade motora, irritabilidade, perturbações do sono, alterações comportamentais, estagnação do desenvolvimento intelectual. Uma queda no quociente de inteligência que pode variar de 4 a 15 pontos (Gerard Miquel, 2001).

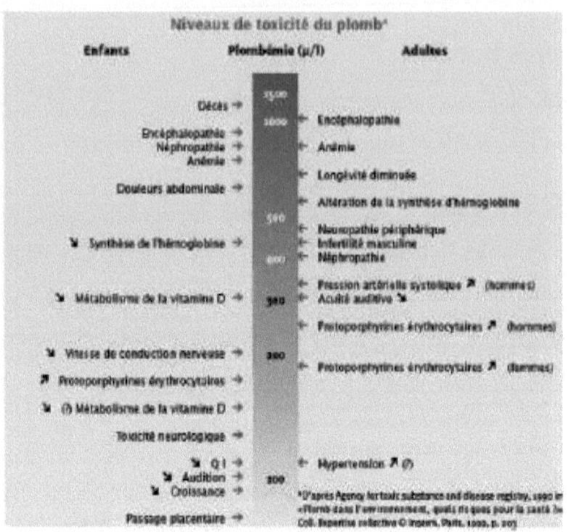

Figura 8: Nível de toxicidade do chumbo.

2.6.2. Cádmio (Cd) :

a. Geral :

O cádmio é um produto de desgaste de peças mecânicas, peças galvanizadas, pneus e lubrificantes, e é também um produto da degradação de barreiras de colisão.

O cádmio está frequentemente associado porque o cádmio é a impureza associada ao zinco (Mokhtar Amirat, 2010).

b. Rotas de exposição :

No entanto, podem ocorrer acidentes durante a produção ou utilização de cádmio ou dos seus compostos:

-    pelo tubo digestivo: a absorção de uma pequena quantidade destas substâncias é seguida de perturbações gastrointestinais (náuseas, vómitos, diarreia). Em casos graves, estas perturbações podem ser complicadas pela desidratação grave do corpo;

-    por via respiratória: inalação de fumo ou pó respirável (inferior a 5 microns de diâmetro) em concentrações superiores a 200 microgramas por m3 e de duração variável pode causar rapidamente uma doença pulmonar grave (Gerard Miquel, 2001).

c.   Os efeitos do cádmio nos seres humanos :

Os vários compostos de cádmio têm efeitos tóxicos variáveis em função da sua solubilidade e, portanto, da sua facilidade de absorção pelo organismo. Assim, o cloreto de cádmio, que é solúvel, parece ser mais tóxico do que o sulfureto de cádmio, que é muito insolúvel.

Exposição a curto prazo a elevadas concentrações de pó ou fumo, os compostos de cádmio são irritantes para as células dos sistemas respiratório e gastrointestinal. A maior parte do cádmio ingerido provém de plantas de folhas verdes, alfaces, couves, espinafres e, em menor grau, cereais (Gerard Miquel, 2001).

2.6.3. Mercúrio :

a.   Geral :

O mercúrio é o único metal líquido à temperatura ambiente (25°C). Combina muito facilmente com outros compostos e é o mais volátil dos metais. É emitido em pequenas quantidades, mas sempre em excesso, pela combustão de carvão, petróleo, produção de cloro, mas também pela incineração de resíduos domésticos, hospitalares e industriais. Em certos processos de fabrico (por exemplo, o mercúrio no fabrico de ácido clorídrico) (CETE Nord Picardie, 2004).

b.   Rotas de exposição :

A toxicidade do mercúrio provém da sua extrema volatilidade (uma vez que pode ser facilmente respirado), da sua relativa solubilidade na água e nas gorduras (pode ser facilmente transportado no corpo), e da sua capacidade de se ligar a outras moléculas que irá modificar ou cujas funções irá transformar.

c.   Efeitos tóxicos nos seres humanos :

O mercúrio é a causa de doenças profissionais. O envenenamento por mercúrio é chamado hidrragia, caracterizado por lesões dos centros nervosos resultando em tremores, dificuldades de fala, perturbações mentais... Foi relatado um envenenamento fatal de origem ocupacional em 1997.

Fora do ambiente profissional, o mercúrio é conhecido por ser tóxico, e mais particularmente nefrotóxico, isto é, actuando sobre os rins, e neurológico, actuando sobre o sistema nervoso. Os sintomas são perturbações mentais de gravidade variável, salivação excessiva, dores abdominais, vómitos e uremia (acumulação de urina devido a deficiência da função renal).

Infelizmente, os problemas podem ser múltiplos em casos de envenenamento grave, como foi o caso no Japão há meio século atrás.

2.6.4. Cobre (Cu) :

a. Geral :

O cobre é um elemento relativamente raro que ocorre como um constituinte menor em vários minérios não ferrosos e que se encontra nos calços dos travões. Da concentração média na litosfera 0,098 mg.kg-1. Encontra-se portanto em rochas superficiais em quantidades vestigiais com uma concentração média de 50 ppb (de 1 a 250 ppb), o que o torna um elemento mais raro do que o mercúrio e o zinco a cujos minérios está associado (Ramade, 2000)

O cobre, em doses muito baixas, é um oligoelemento essencial à vida. Em particular, é necessário para a formação de hemoglobina e substitui mesmo o ferro para o transporte de oxigénio numa espécie de artrópode, o caranguejo-ferradura, cujo sangue é azul. O cobre contamina as águas circundantes em doses e concentrações minúsculas

(10 pg/l) para muitos organismos: algas, musgos, microrganismos marinhos, fungos microscópicos (Mokhtar Amirat, 2010).

b. Rotas de exposição :

A inalação de sais de cobre pode causar irritação das vias respiratórias e a inalação de fumos de cobre pode causar náuseas, sabor metálico, e descoloração da pele e do cabelo.

c. Efeitos tóxicos nos seres humanos :

A inalação crónica e recorrente de fumos e poeiras de cobre pode levar a perfurações do septo nasal. A exposição crónica ao pó e fumos de cobre em ambientes industriais pode levar a sintomas das vias respiratórias superiores e a sinais clínicos concomitantes nos trabalhadores. A maior incidência notificada de cancro do pulmão nas fundições de cobre deve-se à presença de arsénico no minério. (Bastarache, 2003).

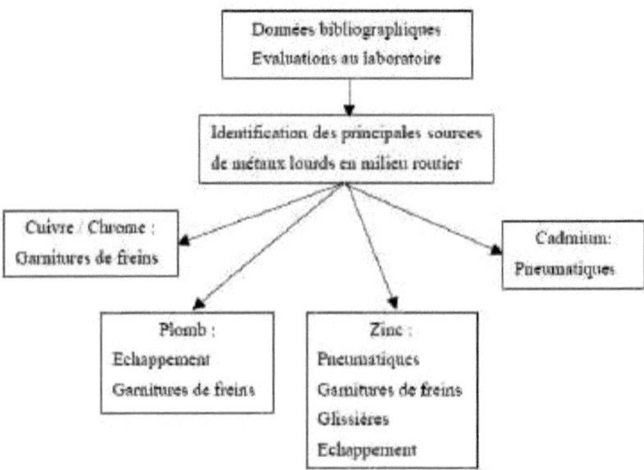

Figura 9: Fonte predominante de poluição nas estradas (Carole Delmas-Gadras, 2000)

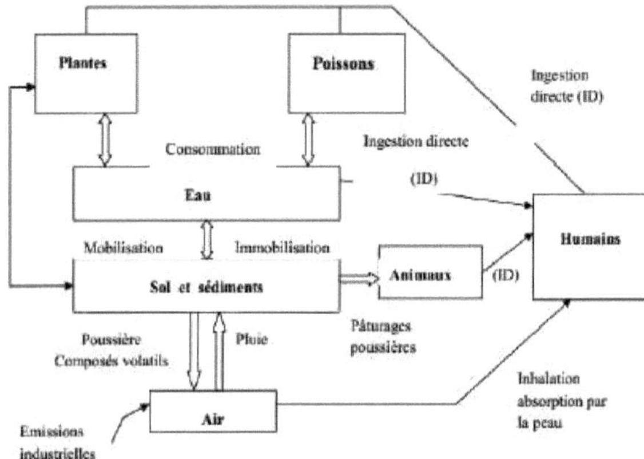

Figura 10: Diferentes vias de exposição para os seres humanos (B. Lombi, 2000).

CHAPITRE 3 : METHODOLOGIE DE REALISATION D'UNE ENQUETE EPIDEMOLOGIQUE

O objectivo de um inquérito é estabelecer uma ligação entre uma doença ou condição de saúde e um factor, neste caso denominado factor de exposição. Exemplo: cancro do pulmão e tabaco, malformações e medicação durante a gravidez.

Este capítulo é dedicado ao príncipe da realização de um inquérito epidemiológico.

3.1.Definição:

3.1.1. Epidemiologia :

Entre as muitas definições de epidemiologia, manteremos a de J.H ABRAMSON: "A epidemiologia é uma ciência cujo objectivo é estudar a ocorrência, distribuição e determinantes de estados de saúde e doenças na população e em grupos humanos".

3.1.2. Inquérito :

Um inquérito é uma operação que consiste em pesquisar, recolher, recolher informação e depois analisá-la com vista a resolver uma ou mais questões especificadas com antecedência. Insere-se no campo da epidemiologia se o objecto do inquérito disser respeito ao estado de saúde de uma população seleccionada com base em critérios definidos, e geralmente compreendendo sujeitos doentes e sujeitos livres da doença.

3.2.Inquéritos epidemiológicos :

Os inquéritos epidemiológicos podem dizer respeito a toda a população: dizem ser exaustivos (por exemplo, registo sistemático de nascimentos ou mortes, registo de doenças notificáveis). Por outro lado, podem dizer respeito a uma pequena amostra, extraída por amostragem e representativa da população em estudo: estes são conhecidos como inquéritos por amostragem.

3.2.1. Protocolo para um inquérito epidemiológico :

A organização geral de um inquérito epidemiológico é mostrada na figura abaixo, que descreve as diferentes fases na realização de um inquérito:

identificação do problema, documentação (revisão dos conhecimentos disponíveis).

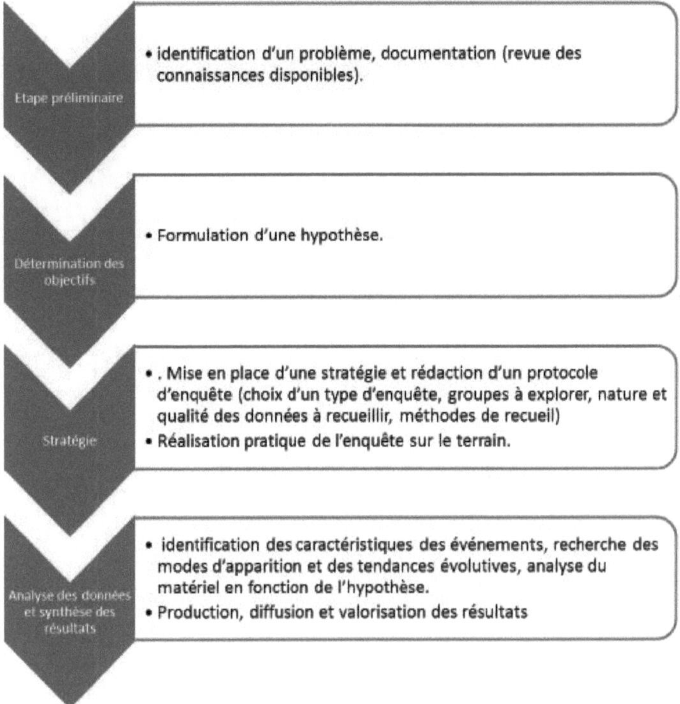

Figura 11: Protocolo para um inquérito epidemiológico (Dra. Catherine Arnaud, 2008).

Os diferentes elementos da epidemiologia podem ser resumidos no diagrama seguinte:

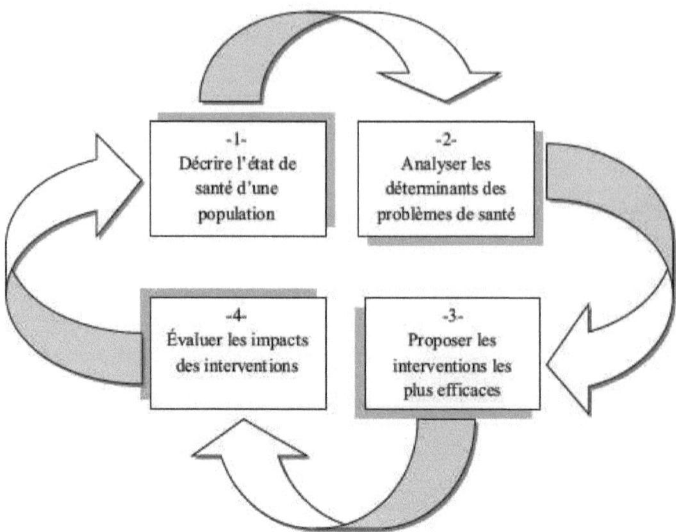

Figura 12: Ciclo de epidemiologia (Marc Rhainds et al, 2006-2007).

3.2.2. Os diferentes tipos de inquéritos em epidemiologia :

Os inquéritos epidemiológicos dividem-se em duas grandes categorias (Figura 12): experimental e observacional. Nos inquéritos experimentais, o investigador controla a atribuição dos factores sob investigação aos sujeitos do inquérito. O interesse está em poder dar uma interpretação causal às associações observadas entre a exposição e a doença. Os inquéritos observacionais são os mais comuns em epidemiologia. São frequentemente os únicos possíveis porque a exposição dos sujeitos a um determinado factor não pode depender do investigador (por exemplo, não é possível atribuir aleatoriamente o tabagismo a dois grupos de sujeitos). Isto torna difícil a interpretação dos resultados em termos de causalidade.

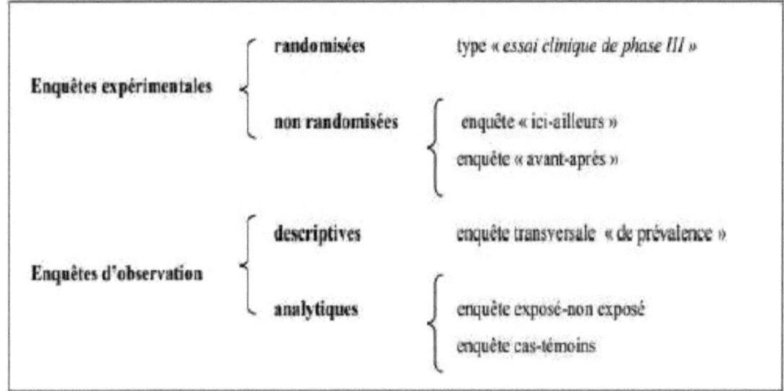

Figura 13: Os principais tipos de inquérito em epidemiologia (Dra. Catherine Arnaud, 2008).

3.2.2.1.   Os diferentes tipos de inquéritos experimentais :

O investigador selecciona o grupo de sujeitos que serão expostos ao factor de exposição (geralmente um tratamento), e os que não serão expostos (grupo de controlo). O critério de julgamento é o da recuperação, remissão e efeitos secundários. Randomização dos grupos. Duplo-cego

❖ Experiência aleatória:

- **O investigador tem total controlo sobre a** natureza do tratamento a administrar, o momento da sua utilização, a condução do ensaio, e a escolha das pessoas a receber a intervenção.

- **Os grupos comparados são semelhantes**, excepto no que diz respeito ao tratamento. Apenas o tratamento difere, no caso de um resultado diferente, pode dizer-se que o tratamento é responsável. Duas técnicas:

o Os sujeitos são divididos em dois grupos paralelos

onde o sujeito é tomado como sua própria testemunha. Período de efeito, e tratamento, período de wash-out >>.

- **Técnica de desenho**: tabela de números aleatórios. Viés de maus sorteios: por nome, 1 em cada 2, dia da semana, por hospital, por região... Ética do sorteio.

- **Há uma dupla** ocultação: nem o paciente nem o médico sabem qual o tratamento que está a ser recebido. Por vezes, há uma dupla ocultação: o estatístico não sabe o que é o tratamento A ou o tratamento B. Experiências mono-cegos: só o paciente não sabe o tratamento.

-   **As dificuldades do inquérito aleatorizado :**

o   não responde ao problema da aceitação da técnica pela população, pelo médico (impacto de um tratamento, de uma intervenção): comparação de Distilbene versus nada no aborto prematuro, monitorização fetal.

o   os temas escolhidos são seleccionados e podem não ser os pacientes habituais

o   a extensão à medicina quotidiana é difícil.

❖ Experiência não aleatória:

Cuidado com os factores de confusão

-   **Inquérito aqui no estrangeiro**: em dois centros, em dois países.... Cuidado com as comparações entre maternidades e hospitais: o recrutamento de doentes é muitas vezes muito diferente

-   **Antes e depois do inquérito**: séries cronológicas. Cuidado: os doentes podem ter mudado

O principal problema é que os grupos comparados não são equivalentes.

Primeira fase do estudo: tabela comparativa entre grupos

3.2.2.2. Os diferentes tipos de inquéritos de observação :

a. Levantamentos descritivos :

O principal objectivo dos inquéritos descritivos é medir a frequência de um problema de saúde e medir a variação da sua distribuição em função dos fenómenos susceptíveis de os influenciar (espaço, tempo, características das populações envolvidas, etc.). Destinam-se a complementar o sistema de informação constituído pelas estatísticas de saúde (registo de casos de doença ou mortes) e a responder a perguntas ou hipóteses específicas. Isto implica a escolha de populações representativas de dimensão suficiente para se ter uma visão precisa da realidade.

- O inquérito transversal :

O inquérito transversal estuda, num determinado momento, o grupo populacional de interesse e dá uma imagem de uma situação epidemiológica. Envolve uma única recolha de informação de todos os indivíduos para medir a frequência dos casos num dado momento, ou seja, a prevalência da doença. Normalmente tem lugar durante um curto período de tempo. Quando o tempo de observação é particularmente curto, podemos falar de inquéritos pontuais. Estes inquéritos são geralmente simples, rápidos de realizar e menos dispendiosos do que o registo permanente. Por outro lado, a natureza instantânea da observação não permite :

• conhecer a incidência de uma doença: observamos simplesmente os casos existentes no momento do inquérito (casos prevalecentes): é por isso que este tipo de inquérito é também chamado de inquérito de prevalência.

• para estudar os aspectos dinâmicos dos fenómenos observados. Em particular, o tempo entre a exposição a um risco e o aparecimento da doença não pode ser devidamente compreendido (Marc Rhainds et al, 2006-2007).

- Estudos Ecológicos :

Fornece uma representação quantitativa do estado de saúde de uma população num dado momento.

Um exemplo de um estudo ecológico é o estudo da prevalência de uma doença ou mortalidade de uma causa específica na população de uma região. Quando queremos saber se existe uma associação entre um factor e uma doença, uma primeira abordagem para confirmar esta hipótese é estudar as variações no tempo e/ou espaço de um índice de saúde correspondente a esta doença e comparar estas variações com a do factor incriminatório (exemplo: estudo da evolução da mortalidade por cancro brônquico paralelo ao da venda de cigarros na população francesa). Nos estudos ecológicos, a relação entre a exposição a um factor e a uma doença não é estudada ao nível dos indivíduos, mas ao nível das populações. No entanto, a interpretação dos resultados de tais estudos é frequentemente delicada e só a coerência com os resultados de experiências em animais, estudos baseados noutros métodos epidemiológicos ou outros tipos de investigações clínicas permitirá concluir no sentido de uma relação causal (Marc Rhainds et al, 2006-2007).

b. Investigações analíticas ou etiológicas :

Os inquéritos analíticos consistem no estudo das relações entre os factores de risco e os estados da doença nas populações. O estudo destas associações consiste em concluir, a partir de uma observação feita sobre um número limitado de casos, que existe uma relação, cuja validade é suposta ser universal, e em quantificá-la. Estes estudos baseiam-se num princípio simples que consiste em comparar a incidência da doença em sujeitos expostos e não expostos, ou a frequência da exposição em pessoas doentes e não doentes (Dra. Catherine Arnaud, 2008).

- Inquéritos de coorte ou de exposição-não-exposição:

Os estudos de coorte comparam a morbilidade (ou mortalidade) num ou mais grupos de indivíduos inicialmente livres da doença e definidos de acordo com a sua exposição a um factor de risco suspeito para a doença em estudo. Estes são também conhecidos como levantamentos longitudinais. Quando a exposição é dicotómica e a incidência da doença num grupo exposto é comparada com a de um grupo não exposto, chama-se um estudo de exposição-não-exposição. O termo "coorte" é utilizado para se referir ao grupo ou grupos de indivíduos seguidos ao longo do tempo.

O inquérito inclui portanto :

• uma fase inicial de inclusão (selecção da população; definição de indivíduos expostos e não expostos). A inclusão no estudo e a recolha inicial de informação sobre exposição pode ter lugar no momento da implementação do inquérito. O coorte é então seguido prospectivamente: chama-se a isto um coorte prospectivo. A inclusão também pode ser feita a partir de uma data escolhida no passado (sendo a divisão em grupos expostos e não expostos antes do início do inquérito) suficientemente distante no passado para que a doença em estudo tenha tido tempo para se desenvolver e para que o tempo de acompanhamento do coorte seja encurtado: isto é conhecido como um coorte histórico.

• e uma segunda fase de seguimento, idêntica em ambos os grupos. Durante a fase de acompanhamento, são recolhidas informações sobre a medição do estado de saúde (estudos de mortalidade ou morbilidade) e, na maioria das vezes, requer a implementação de uma metodologia relativamente pesada. Os inquéritos deste tipo seguem, portanto, a sequência de causa e efeito.

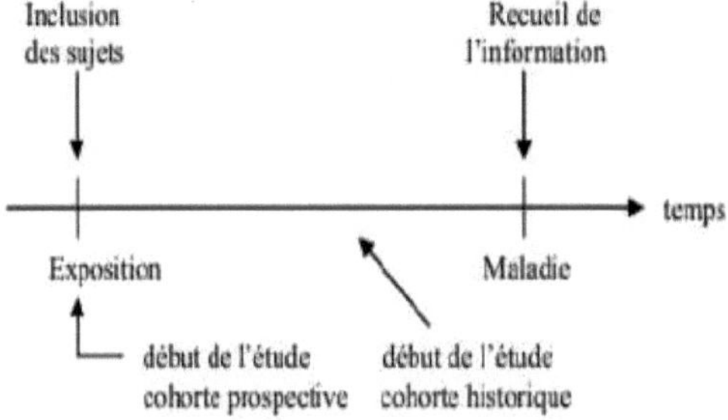

Figura 14: O princípio da coerência (Dra. Catherine Arnaud, 2008).

- Estudos de caso-controlo:

A frequência da exposição anterior é comparada entre pacientes e não pacientes. A informação sobre exposição é sempre recolhida retrospectivamente: desde a doença até à exposição. Frequentemente utilizadas para doenças raras. É aplicável tanto em contextos profissionais como na população em geral.

O grupo de controlo é construído para servir como grupo de referência (são representativos da exposição ao factor de risco da população da qual os casos são retirados) e para fornecer uma frequência de base de exposição ao factor de risco na população da qual os casos são retirados.

casos. Duas fontes são mais frequentemente utilizadas para a selecção de controlos: a população em geral e os doentes internados. A escolha entre estas duas principais fontes de controlo depende de considerações práticas e da comparabilidade com os casos. A maior desvantagem de escolher os doentes internados como controlos é que são pacientes hospitalizados, que mais frequentemente do que a população geral têm factores de risco (tabagismo, hipertensão, ...) e é possível que a doença que têm possa ter factores de risco em comum com a doença dos casos.

Existem também vários tipos de inquéritos de controlo de casos que diferem de acordo com a necessidade de assegurar a comparabilidade dos casos e controlos para os factores de confusão que estão a ser investigados. O controlo dos factores de confusão pode ser feito a priori no momento do planeamento do estudo, escolhendo para cada caso um ou vários controlos que apresentem as mesmas características para o potencial factor de confusão (método de correspondência) ou realizando uma estratificação sobre o factor de confusão (neste caso, a distribuição do factor de confusão é, por construção, comparável nos dois grupos). Voltaremos a esta noção de factor de confusão no capítulo sobre a interpretação do risco.

Para cada um dos temas incluídos no inquérito (casos e testemunhas), serão procuradas informações sobre a exposição a factores de risco no seu passado. Por esta razão, estes inquéritos são frequentemente denominados inquéritos retrospectivos. Podem ser utilizados diferentes métodos de recolha: pesquisa de arquivo, entrevista de sujeito, auto-completação (Dra. Catherine Arnaud, 2008).

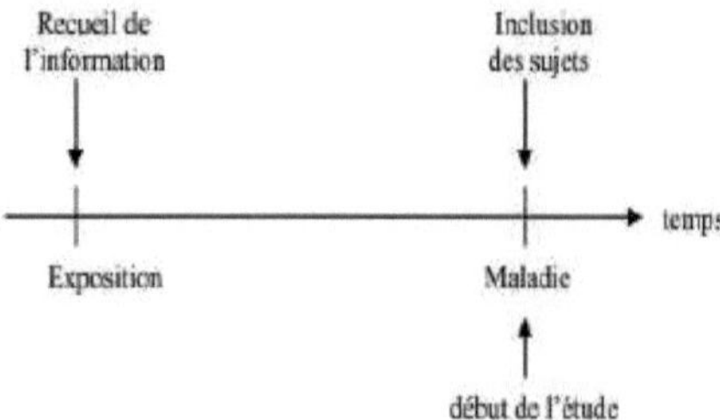

Figura 15: Princípio do estudo de caso (Dra. Catherine Arnaud, 2008).

Nos inquéritos de controlo de casos, a dimensão do caso e dos grupos de controlo é definida arbitrariamente no início. Nestas condições, é impossível saber a incidência da doença em indivíduos expostos e não expostos. Contudo, se certas condições forem verificadas (doença rara), é possível estimar o aumento da probabilidade de ter a doença quando exposta ao factor de risco sem conhecer a incidência mas comparando a frequência de exposição em doentes e não doentes (Dra. Catherine Arnaud, 2008).

Quadro 7: Vantagens e desvantagens dos inquéritos analíticos.

COERTECAS-TEMOINS

Benefícios	- Conhecimento do impacto - Medição exacta e imparcial da exposição - Estudo do papel do factor de risco sobre outras doenças que não a estudada	- Rapidez na obtenção de resultados - Baixo número de sujeitos observados - Custo mais baixo - Mais fácil de alcançar - Possibilidade de estudar o papel de vários factores de risco em simultâneo
Desvantagens	- Longo tempo de espera pelos resultados (excepto no caso de estudos históricos de coorte) - Número elevado de sujeitos observados - Custo mais elevado - Difícil de conseguir, especialmente para o acompanhamento de coortes	- Sem conhecimento do impacto - Enviesamentos frequentes na medição da exposição - Dados em falta sobre a exposição - Dificuldade de

(perdido para acompanhamento) representatividade dos grupos observados (especialmente para o grupo de controlo)

3.3. Escolha de um tipo de inquérito :

Para além das considerações teóricas, há uma série de elementos que ajudam a orientar a escolha de um determinado tipo de inquérito.

Para além das considerações teóricas, há uma série de elementos que ajudam a orientar a escolha de um determinado tipo de inquérito.

- Um estudo retrospectivo é um bom método no início de um trabalho para verificar uma hipótese preliminar;

- Quanto mais difundida for a doença, mais fácil será a realização de um estudo prospectivo. Se a doença for rara, só podem ser utilizados estudos retrospectivos;

- Quanto mais curto for o intervalo entre a causa (factor de exposição) e a consequência (doença), melhor será o estudo prospectivo. Para doenças com um longo período de incubação, um estudo retrospectivo é mais apropriado;

- Quanto mais completa e precisa for a documentação, melhor será o estudo retrospectivo (relatório, registo, classificação diagnóstica) ou histórico-prospectivo;

- Uma forte associação entre causa provável e doença favorece um estudo prospectivo;

- Se se espera uma grande flutuação nos coortes, é preferível um estudo retrospectivo (Dra. Catherine Arnaud, 2008).

3.4. O questionário :

O questionário é um instrumento metodológico que consiste num conjunto de perguntas que estão ligadas de uma forma estruturada. É apresentado em papel ou de forma electrónica. Pode ser administrado directamente por um entrevistador (presencial ou telefónico) ou indirectamente (por correio ou auto-administrado). Implica a recolha de informação a fim de a resumir para fins de apresentação ^ isto significa codificar a informação.

A concepção de um questionário requer um conhecimento muito bom do tema do inquérito, da população alvo e das possibilidades técnicas oferecidas pelo método de recolha escolhido. Deve ser baseado na literatura científica existente e nos inquéritos já realizados sobre o tema. Distinguimos dois (2) tipos de perguntas.

Perguntas fechadas de sim/não, ou caixas a serem preenchidas com um código. Fáceis de usar, não cobrem necessariamente todo o campo de estudo. Prever sempre para outros, ou "não sei", mas tenha cuidado com demasiadas respostas deste tipo.

Perguntas em aberto. Podem cobrir todo o campo de estudo, mas são muito difíceis de utilizar. Exemplo: Porque amamentam? Comparações com a mesma pergunta fechada ("por prazer", "porque é natural", "por anticorpos", "porque é conveniente", "para a relação", "por todas estas razões", "não sei").

3.5.Exemplo de um inquérito epidemiológico (casos de envenenamento por chumbo) :

Um recente inquérito nacional nos EUA (National Health and Nutrition Examination Survey III) investigou os efeitos das características sociodemográficas e de estilo de vida nos níveis de chumbo no sangue em 3716 mulheres de 20-49 anos de idade (Lee *et al.* 2005). A média geométrica do nível de chumbo foi de 0,085 pmol/l. As variáveis que melhor explicaram os níveis de chumbo na análise multivariada foram a idade, etnia, urbanização, consumo de álcool (medido em gramas por dia), número de cigarros fumados por dia e índice de pobreza. Todas as variáveis incluídas no modelo explicaram até 29% da prevalência de chumbo. O nível de educação e a idade de residência não foram associados aos níveis de chumbo neste estudo (Marc Rhainds et al, 2006-2007).

CHAPITRE 4 : METHODES EXPERIMENTALES

O nosso estudo foi realizado durante dois períodos diferentes, o primeiro é húmido a partir de 21/03/2019 a 18/04/2019 e o segundo é seco a partir de 05/05/2019 a 26/05/2019, a fim de estudar a poluição atmosférica de origem rodoviária e o seu impacto na saúde pública na cidade de Khemis Miliana

O estudo experimental consiste em duas partes principais, um estudo quantitativo e qualitativo de depósitos atmosféricos húmidos e secos no exterior e num espaço fechado e um inquérito epidemiológico para confirmar um potencial envenenamento por chumbo.

Parte 1: Determinação do nível de poluição de origem rotativa.

4.1.Parque de estacionamento da Khemis Miliana :

Em 2014, a cidade de Khemis Miliana tinha uma população estimada em 92181 habitantes, o que representa 10,89% da população total da wilaya. O peso demográfico da cidade é ainda mais reforçado quando são tidas em conta as populações das cidades vizinhas de Sidi Lakhdar, Miliana, Ain Soltane, Djelida e Ain Defla. Em termos de actividades económicas, a cidade de Khemis Miliana é, antes de mais, um cruzamento de todas as dairas da wilaya. É então o local de estabelecimento de um pólo comercial, um pólo universitário, uma zona de actividade e muitos comércio e serviços de qualquer tipo.

Em 2014, aproximadamente **88.126 veículos** circulavam na cidade de Khemis Miliana por dia, incluindo **14.888 veículos** de diferentes tipos (veículos pesados de mercadorias, veículos ligeiros de mercadorias) na Estrada Nacional 04 em direcção à escola paramédica, ou seja, **16,89%** do tráfego diário total.

Este número de veículos consome cinco tipos diferentes de combustível (gasóleo, super, gasolina

sem chumbo e GPL) dos quais o gasóleo é o mais utilizado com quantidades superiores a 80.000 L por dia, devido à natureza agrícola da região que requer a utilização deste combustível como fonte de energia (tractor, gerador...) (Naftal, 2019).

Este número de veículos consome cinco tipos diferentes de combustível (gasóleo, gasolina premium, gasolina sem chumbo e gás de petróleo liquefeito GPL), dos quais o gasóleo é o mais utilizado, com quantidades superiores a 80.000 litros por dia devido à natureza agrícola da região, o que exige

a utilização deste combustível como fonte de energia (tractor, gerador, etc.) (Naftal, 2019).

Consumo de combustível de acordo com (em litros) (Naftal, 2019).

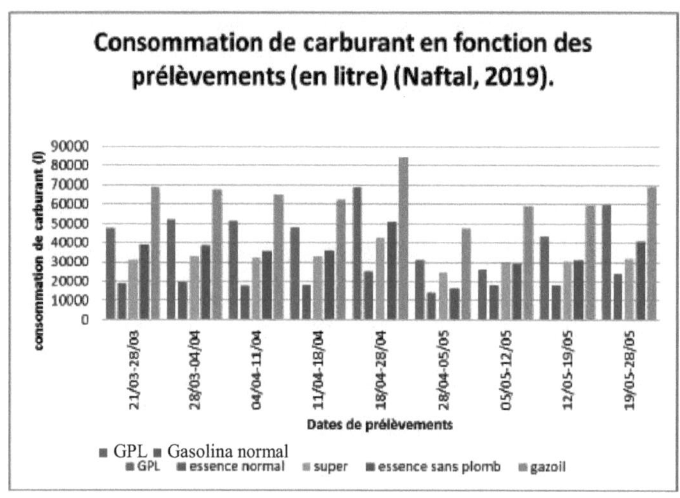

Figura 16: Consumo de combustível segundo as retiradas (em litros) (Naftal, 2019).

4.2.Procedimentos de amostragem de ar :

As partículas sedimentares são medidas de acordo com o protocolo detalhado na norma Afnor NF X 43-007 de Dezembro de 2008 (que substitui a de Dezembro de 1973) relativa à determinação da massa de precipitação atmosférica. O protocolo de amostragem e recolha baseia-se num sistema de calibres espalhados por uma área de estudo, na qual a poeira se deposita (AIRFOBEP, 2010).

No caso do nosso estudo, utilizámos um único ponto de medição com duas bitolas, uma instalada no exterior e a outra num espaço fechado (escritório).

4.2.1. Bitola utilizada : modelo belga

Este é o modelo belga, constituído por um recipiente cilíndrico feito de polietileno de alta densidade (PEAD), um material adequado porque não reage com as partículas recolhidas, colocado num suporte metálico de 1,5 m de altura fixado ao solo por três pés metálicos no caso de amostragem exterior e colocado num armário a uma altura de 1,92 m no caso de amostragem interior (num escritório).

Figura 17: Medidor utilizado

4.2.1.1.   Preparação de calibres :

A preparação das bitolas antes da sua instalação, os recipientes são enchidos com água destilada (3/4 do volume total do recipiente) uma vez no local para evitar qualquer depósito de partículas fora do local de amostragem. Para recolher as partículas, os recipientes são limpos com água destilada e bem fixados ao suporte (recipiente + suporte) para evitar qualquer deslocamento devido a intempéries e manuseamento diferente, ou seja, o recipiente cilíndrico deve ser bem fixado no suporte metálico.

4.2.1.2.   Esquema do gabarito :

Ao colocar os calibres, evitar colocá-los contra um obstáculo que possa interferir com o depósito de poeira, e respeitar, tanto quanto possível, a seguinte condição: ser pelo menos o dobro da altura do obstáculo.

4.2.2. Duração da exposição :

O tempo de exposição das bitolas entre amostras é muito variável em função de certos constrangimentos tais como: constrangimentos administrativos, parâmetros meteorológicos (chuva forte, ventos fortes...). Este período variou entre um mínimo de 2 dias e um máximo de 7 dias.

O quadro seguinte resume todas as datas de amostragem e o tempo de exposição para cada amostra.

Quadro 8: Datas de amostragem e exposições das amostras.

	Levy	Fora	Fechado
Época Molhado	**Instalação**	21-03-2019(7 dias)	21-03-2019(7 dias)
	Colecção	28-03-2019(7 dias)	28-03-2019(7 dias)
	Levy 2	04-04-2019(7 dias)	04-04-2019(7 dias)
	Levy 3	11-04-2019(7 dias)	11-04-2019(7 dias)
	Levy 4	18-04-2019(7 dias)	18-04-2019(7 dias)
Época Máquina de secar	Levy 5	05-05-2019(7 dias)	05-05-2019(7 dias)
	Levy 6	12-05-2019(7 dias)	12-05-2019(7 dias)
	Levy 7	19-05-2019(7 dias)	19-05-2019(7 dias)
	Levy 8	26-05-2019(7 dias)	26-05-2019(7 dias)

4.2.3. Amostragem e amostragem:

As nossas amostras foram recolhidas em garrafas de vidro que foram limpas com água destilada. O conteúdo das bitolas é vertido nas garrafas e classificado por data de amostragem. Durante a amostragem, devem ser usadas batas e luvas para evitar a contaminação das amostras e para assegurar que quaisquer partículas sedimentadas na vareta de medição são transferidas com uma escova. As amostras são então hermeticamente seladas e envolvidas em folha de alumínio para evitar qualquer reação ligeira (reacção fotoquímica).

As mesmas operações são realizadas para recolher a água da chuva (zona húmida), assegurando que esta é recolhida durante todo o período de chuvas.

Figura 18: Recolha e armazenamento de amostras.

4.3. Análises preliminares :

Alguns parâmetros físico-químicos foram previamente determinados durante o estudo porque se correlacionam com o comportamento físico-químico do poluente estudado. Estes parâmetros são: a condutividade (Cond) e o potencial de hidrogénio (pH) das diferentes amostras.

- O pH (medidor de pH) é utilizado para determinar a acidez (**pH < 7**), a alcalinidade (**pH > 7**) ou a neutralidade (**pH = 7**) das amostras a uma temperatura específica;
- Condutividade (Condutimetro) é simplesmente a capacidade das amostras para conduzir electricidade caracterizando a presença de compostos na forma iónica.

4.4. Processo de filtragem de amostras :

A filtração utilizada no nosso trabalho é uma filtração a vácuo utilizando uma bomba e é realizada da seguinte forma:

Coloca-se um papel filtro em branco no topo de um Erlenmeyer num suporte permeável. O recipiente de vidro é fixado ao suporte e a amostra a ser filtrada é vertida nele;

A bomba é então utilizada para facilitar e acelerar a passagem da amostra através do filtro e também para evitar o entupimento do filtro: o filtrado (parte solúvel + água destilada) flui para o Erlenmeyer enquanto as partículas sólidas (bolos) são retidas pelo filtro;

Uma segunda filtração é realizada seguindo o mesmo protocolo para recolher partículas com tamanho superior ou igual a 0,45pm (PM0,45).

Figura 19: Dispositivo de filtração a vácuo.

4.5. Determinação da massa dos depósitos :

A massa dos depósitos é constituída pela parte insolúvel (massa dos filtros antes e depois da filtração) e também pela parte solúvel obtida após a redução do volume após a filtração.

Fornece informações sobre as massas de deposição húmidas e secas. Por conseguinte, está dividida em duas (2) partes principais descritas abaixo.

- **Parte insolúvel**

Para a determinação da massa das partículas após a filtração, o protocolo é o seguinte:

- Pesar os filtros em branco, de preferência secos no forno (antes da filtração);

- Pesagem de filtros carregados de partículas (após filtração).

A secagem é feita numa estufa durante 1 hora à temperatura de 105 C para remover todos os vestígios de humidade nos depósitos contidos nos filtros, que são depois arrefecidos num exsicador durante 2 horas.

A massa da parte insolúvel é obtida através da seguinte fórmula:

$$m_{insoluble} = m_{f.gâteau} - m_{f.blanc} \ (\text{eq } 1)$$

mf.gateau: massa do filtro após filtração (g)

mf.blank: massa do filtro antes da filtração(g)

- **Parte solúvel**

Para a sua determinação, é necessário :

- Pesar um recipiente vazio que tenha sido seco (forno a 105°C durante 1 hora) e arrefecido num exsicador durante 2 horas;

- Seca-se no forno até a água se evaporar completamente, depois arrefece num exsicador durante 2 horas;

- Colocar o filtrado no recipiente e reduzir o seu volume numa placa a uma temperatura inferior à da água a ferver é um método igualmente rápido;

- Pesar o recipiente depois de o filtrado ter secado completamente.

É obtido através da seguinte fórmula:

$$m_{soluble} = m_{recipient\ plein} - m_{recipient\ vide} \quad (eq\ 2)$$

- Para a determinação da quantidade do depósito

As diferentes massas de depósito nas amostras são obtidas a partir do seguinte:

Depósito total: Depósito solúvel + Depósito insolúvel

Depósito seco : Depósito total - depósito húmido

Depósito de estadia: $\sum$ total de depósitos para cada ponto

Depósito diário : Depósito diário / Número de dias

Depósito anual: Depósito diário * 365 dias

Raio do contentor de medida (R)= 19,5 cm = 0,195 m

Receptor da superfície : Pi*R=Pi*(0.195)$_2$= 0.12 m^2

4.6.Digestão ácida :

A digestão das amostras é feita numa placa de Petri, adicionando ácidos (HNO_3 + H_2O_2). As soluções resultantes são então aquecidas sob temperatura controlada numa placa quente, para a determinação de quantidades vestigiais de chumbo contidas nas amostras.

4.6.1. Materiais utilizados :

Os materiais utilizados para esta etapa são :

Uma placa quente;

— Papel de filtro ;

— Uma ampola de 50 ml;

— Uma pipeta de 5 ml.

4.6.2. Reagentes e volumes de amostra utilizados :

A digestão das nossas amostras foi feita por proporções de ácido nítrico e água oxigenada em quantidades precisas, como se segue:

- ÁGUA REGAL: 7ml de HNO_3 + 1 ml de H_2O_2 (para uma massa de 0,5g)

4.6.3. Método de digestão :

É feito da seguinte forma:

- A amostra é colocada numa placa de Petri;

- A proporção de volume correspondente da parte solúvel e insolúvel da água é adicionada;

- A placa de petri é então colocada sobre um prato quente a uma temperatura controlada (para evitar ferver);

- A mistura foi aquecida durante 2 horas;

- A amostra é diluída a 100 ml de água destilada após o aquecimento.

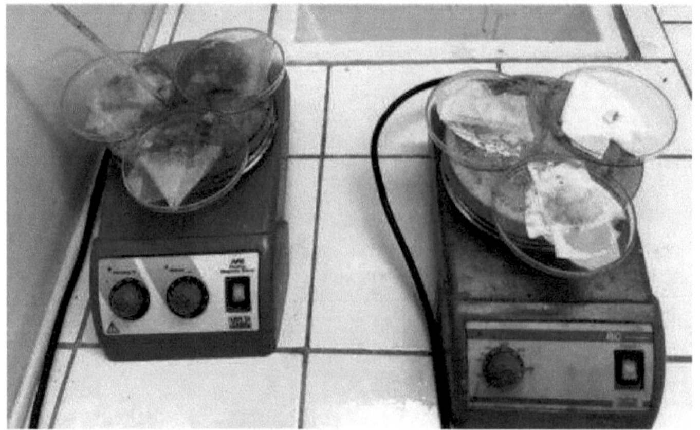

Figura 20: Processo de digestão ácida numa placa quente a uma temperatura controlada.

Após esta operação, as amostras são filtradas em frascos volumétricos de 100 ml, preparados previamente (limpeza com ácido), depois o filtrado é recolhido e posteriormente utilizado para análise por espectrofotometria de absorção atómica SAA (SAA 240F/chama).

4.6.4. Preparação do espaço em branco :

Prepara-se um branco analítico utilizando as mesmas etapas e nas mesmas condições que a amostra, adicionam-se 100 ml de água destilada a 5 ml de aqua regia.

4.6.5. Armazenamento de amostras :

Os frascos são então armazenados num frigorífico a 4°C para evitar perdas e contaminação até à análise por espectrofotometria de absorção atómica.

4.6.6. Soluções e normas :

A calibração consiste na preparação, a partir de uma substância comercial, de uma gama de calibração que cobrirá a gama do nosso trabalho. Neste contexto, foram preparadas quatro soluções de calibração e uma quinta é nula.

Quadro 9: Exemplo de concentração padrão e absorção de cádmio.

Norma	Concentração (mg/l)	Absorção
Cd STANDARD 1	0,5	0,2190
Cd STANDARD 2	1	0,3965
Cd STANDARD 3	1,5	0,5486
Cd STANDARD 4	2	0,6772
Cd STANDARD 5	3	0,7718

4.7.Análise SAA :

A análise dos nossos metais vestigiais (metais pesados) foi feita com um espectrómetro de atomização de chama Agilent AA Duo 240 FS/240 Z.

O seu princípio consiste em medir metais em solução. Este método básico de análise requer que a medição seja feita a partir de um analito (elemento a medir) transformado no estado de átomos livres. A amostra é aquecida a uma temperatura de 2000 a 3000 graus, para que as combinações químicas em que os elementos estão envolvidos sejam destruídas.

A solução contendo os elementos a determinar é sugada a um ritmo constante para um nebulizador pneumático e depois nebulizada como uma névoa numa chama (acetileno/ar, ou acetileno, ar/ óxido nitroso). Os iões em solução tornar-se-ão então átomos. A chama é irradiada com radiação do comprimento de onda específico do átomo a ser analisado. A absorvância é medida e é proporcional à quantidade de átomo na chama, ou seja, o ião em solução. Isto permite que a análise seja medida (após ter sido feita uma curva de calibração).

A comparação dos resultados com os padrões de concentração de metais vestigiais é assim efectuada para determinar a nocividade destes últimos e com os resultados de outros investigadores.

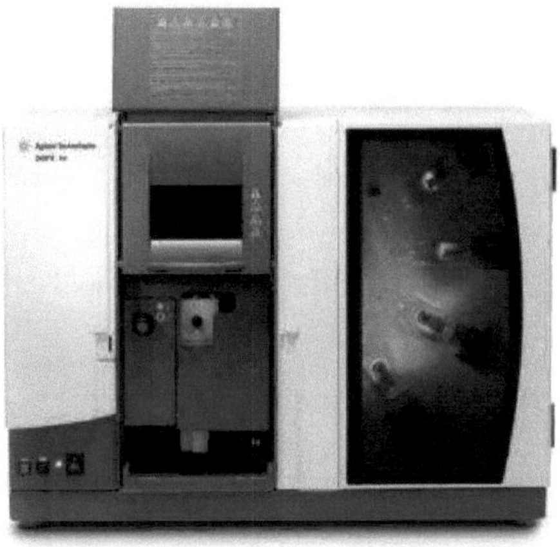

Figura 21: Espectrómetro de absorção atómica de chama (Agilent AA Duo 240 FS/240 Z).

Parte 2: Realização do inquérito epidemiológico.

4.8.Métodos de realização do inquérito

O chumbo continua hoje a preocupar a comunidade científica. De facto, apesar do estado actual dos conhecimentos e do estabelecimento de programas de monitorização e prevenção, os trabalhadores e a população em geral ainda estão expostos ao chumbo em diferentes graus. A Leademia é um indicador biológico fiável da exposição recente ao chumbo, mas também da exposição a longo prazo devido ao equilíbrio que se desenvolve entre os compartimentos sanguíneo e ósseo.

4.8.1. Tipo de estudo utilizado :

Este é um estudo epidemiológico transversal dos níveis de chumbo no sangue e factores relacionados com esta impregnação numa amostra da população Khemissoise, mais precisamente no sector da escola paramédica perto da estrada nacional RN4.

4.8.2. População a ser estudada :

A população alvo no nosso estudo baseia-se em habitantes que vivem ou trabalham perto do RN4. Uma vez que é bastante difícil obter uma população representativa disposta a colher uma amostra de sangue. Um estudo piloto realizado em 1978 mostrou que não havia diferença significativa entre a concentração de Pb de uma amostra aleatória da população geral e um grupo de dadores de sangue realizado com uma população de dadores de sangue. Todos os participantes foram recrutados principalmente perto da estrada nacional RN4, devido ao elevado volume de tráfego nesta estrada.

A amostragem foi realizada com a participação de 15 pessoas com idades compreendidas entre os 18 anos e os que trabalham ou estudam na área.

4.8.3. Recrutamento de participantes :

A população do estudo é composta por indivíduos com 18 anos ou mais que tenham participado na doação de sangue seleccionados para o estudo. Os participantes devem ter sido qualificados para a doação de sangue de acordo com os nossos critérios estabelecidos, mesmo com a ajuda do médico biólogo (Dr. Houti).

4.8.4. Processo de recolha de dados :

A recolha de dados teve lugar durante um período de 3 dias, de 24 de Junho de 2019 a 28 de Junho de 2019 inclusive, a fim de realizar este projecto onde estão planeadas muito poucas unidades de sangue e, portanto, para assegurar a representatividade da amostra.

Um questionário auto-administrado sobre as principais fontes de exposição ao chumbo foi especificamente desenvolvido para este projecto (Anexo). A fim de validar o questionário, foi realizado um pré-teste a 28 de Maio de 2019, numa loja situada a 150m da escola paramédica. O questionário de pré-teste incluiu também uma secção para avaliar o tempo necessário para completar o questionário, a clareza das perguntas e a necessidade de ajuda externa para o completar. Este último levou a alterações em algumas secções do questionário.

Os documentos do projecto foram entregues por um funcionário no momento do registo dos dadores na recolha de sangue (um questionário auto-administrado).

4.8.5. Método de análise :

As amostras de sangue foram colhidas e centrifugadas no laboratório do Dr Houti e digeridas e depois armazenadas num local fresco a 4°C até serem enviadas para o Centre de Recherche Scientifique et Technique Analyses Physico Chimiques (CRAPC). Os tubos de sangue enviados pelo laboratório foram identificados com um número de identificação pessoal que era o mesmo que o do questionário auto-administrado.

4.8.5.1.   Materiais utilizados :

- Seringa

- Tubo de recolha de sangue (tubo EDTA)

- Centrífuga

- Uma placa quente;

- Uma ampola de 50 ml;

- Uma pipeta de 5 ml;

4.8.5.2.   Reagentes e volumes de amostra utilizados :

A digestão das nossas amostras foi realizada por proporções de ácido nítrico e água oxigenada em quantidades precisas, como se segue

$$\text{ÁGUA REGAL: (5ml de } HNO_3 + \text{5ml de } H_2O_2).$$

4.8.5.3.   Método de digestão :

Ácido nítrico concentrado e água oxigenada foram adicionados às amostras de sangue previamente centrifugadas (5ml) que tinham sido previamente armazenadas a 4°C. Para a digestão das amostras, 4,0 ml de sangue e 10 ml de uma mistura de ácido nítrico concentrado e água oxigenada (5 ml de HNO_3 concentrado + 5 ml de H_2O_2 concentrado) foram transferidos para um recipiente e aquecidos utilizando uma placa quente. As amostras foram digeridas durante 20 min, e pararam quando foi obtida uma solução incolor e depois diluídas com 25 ml de água destilada.

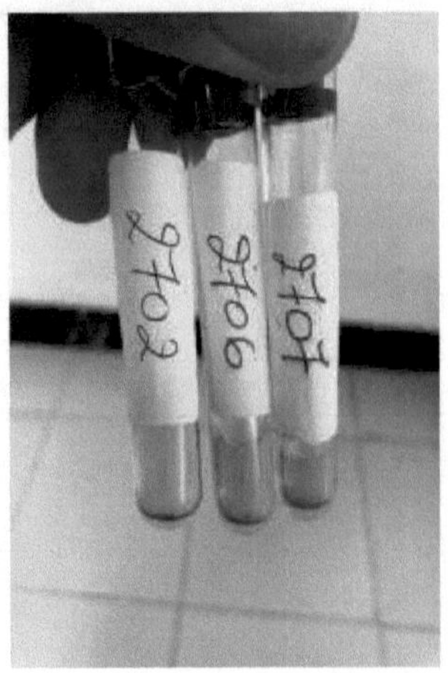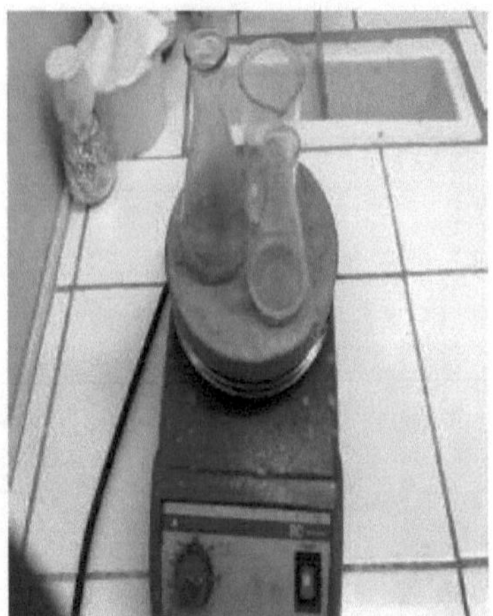

Figura 22: Amostras de sangue obtidas após centrifugação **Figura 23:** Digestão das amostras de sangue

Após esta operação as amostras são filtradas e colocadas em tubos esterilizados, que serão posteriormente utilizados para análise por espectrofotometria de absorção atómica SAA (SAA 240F/chama).

4.8.6. Descrição das variáveis em estudo :

4.8.5.1. Variáveis dependentes :

A variável dependente é a concentração de chumbo medida no sangue do participante.

4.8.5.2. Variáveis independentes :

As variáveis listadas abaixo foram recolhidas do participante utilizando um questionário auto-administrado (Anexo).

CHAPITRE 5 : RESULTATS ET INTERPRETATIONS

Este capítulo é dedicado à utilização e interpretação dos resultados obtidos a partir das medições e análises efectuadas e apresentadas no capítulo anterior. Os resultados encontram-se sob a forma de histogramas, fotografias e tabelas obtidas directamente durante a medição.

A interpretação dos resultados deste trabalho é dada neste capítulo em forma gráfica ou tabular. O estudo foi realizado durante a primeira metade do ano 2019 e, mais precisamente, as amostras foram recolhidas durante o mês de 28 de Março a 26 de Maio de 2019. Este período é muito adequado para um acesso fácil à amostragem.

Parte 1: Determinação da poluição do tráfego rodoviário.

5.1.Dados meteorológicos :

A meteorologia é o estudo dos fenómenos que ocorrem na camada estratosférica, o que nos permite identificar os parâmetros que influenciam a evolução espacial e temporal e a composição dos poluentes recolhidos, tais como temperatura, humidade, precipitação e força e direcção do vento.

5.1.1. Temperatura e Humidade:

O resultado da evolução da temperatura e humidade é mostrado na figura abaixo.

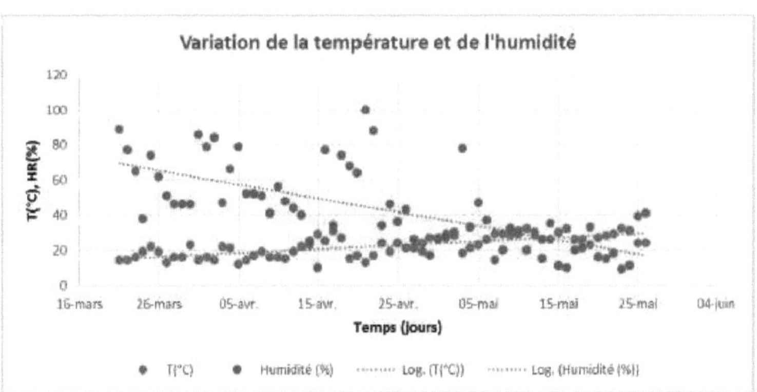

Figura 24: Variação da temperatura e humidade durante o período de estudo. (www.winfinder.com).

De acordo com a figura 24, notamos uma variação da temperatura durante o nosso estudo variando de 13°C registada durante o período chuvoso (21/04/2019) como mínimo a 34°C como máximo registado em 17/04/2019, e variando de 20°C a 32°C registada durante o período seco (11/05/2019), Esta diferença de temperatura deve-se à transição da estação chuvosa para a seca e a eventos incomuns como a depressão meteorológica (neve) e condições anticiclónicas (ventos arenosos). O histograma mostra-nos que existe uma proporcionalidade inversa entre temperatura e humidade devido à disposição hidro-geo lógica (presença de superfícies aquáticas), geografia e natureza climática da cidade (clima semi-árido).

5.1.2. Ventos :

A rosa do vento (Figura 26) fornece informação sobre a direcção, frequência e força dos ventos, expressa em cor, como mostra a lenda.

De acordo com o nosso período de estudo, que começa de 21/03/2019 a 26/05/2019, registámos um modelo local com ventos dominantes vindos do Norte, mais precisamente do Noroeste e do Nordeste com velocidades até 21,53 nós (39 km/h) do Oeste-Noroeste, e também ventos vindos do Sudeste com baixas frequências com velocidades até 17,11 nós (31,48km/h) Ao mesmo tempo, os parâmetros metrológicos depressivos dos períodos de chuva são caracterizados. Durante o período seco, quando as condições meteorológicas são anticiclónicas, registam-se ventos fracos do sudoeste com forças não superiores a 16 nós (29,63km/h).

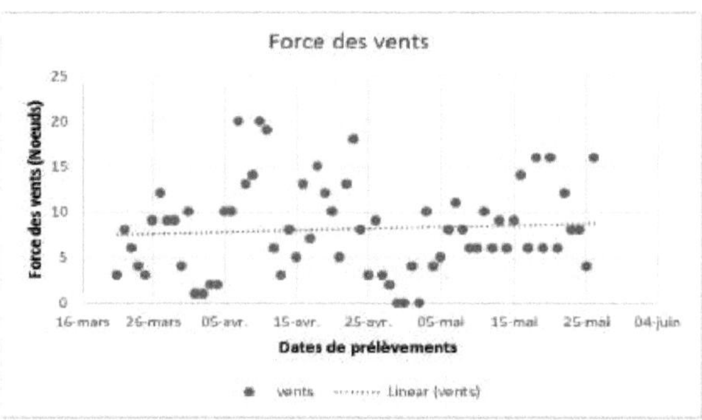

Figura 25: Forças do vento durante o período de estudo.

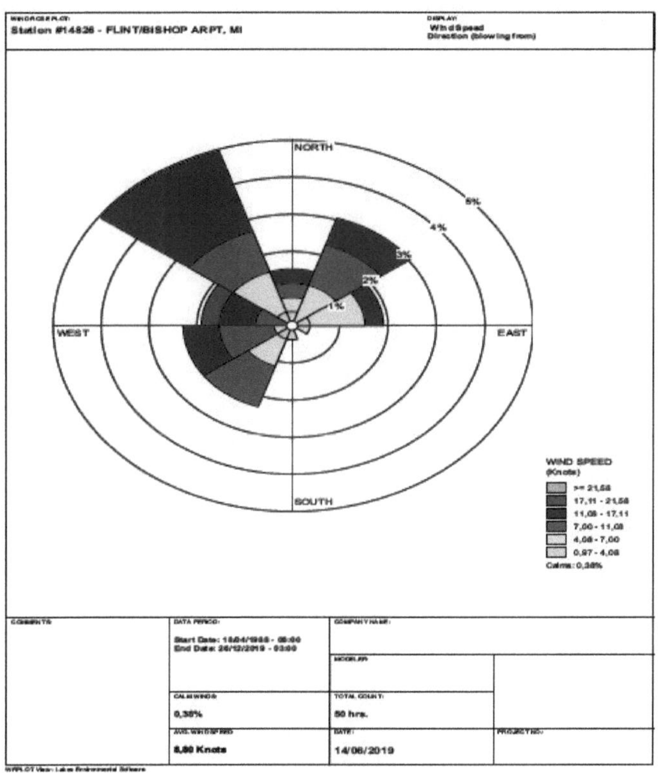

Figura 26: Rosa dos ventos.

5.1.3. Precipitação :

Durante o período de estudo, foram registados eventos de chuva entre 21/03/2019 e 11/04/2019 durante o período húmido, com precipitações a variar entre 0,7 mm (08/04/2019) e 06 mm (2 e 7/04/2019), excepto em 24/04/2019, quando foram registados 21 mm devido a condições depressivas (neve). O período seco foi marcado por uma ausência total de precipitação, excepto em 03/05/2019.

Os valores da precipitação são mostrados na figura abaixo.

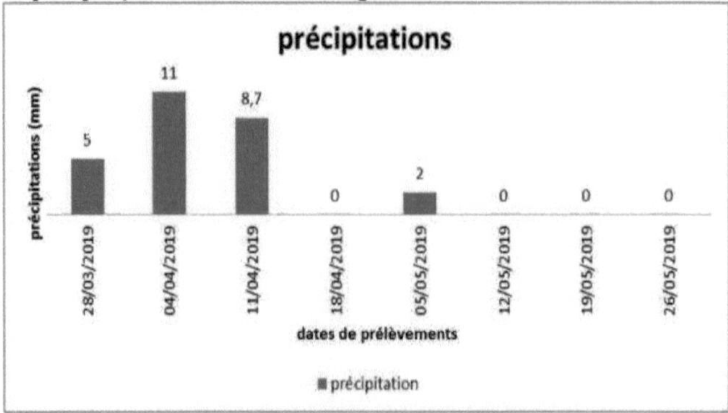

Figura 27: Variação da precipitação.

5.2. Depósito total :

5.2.1. Condutividade :

Os valores da condutividade da água destilada, do depósito total e do depósito húmido, que foram tomados como mencionado no capítulo anterior, são mostrados nos histogramas seguintes:

5.2.1.1.   Fora :

O histograma seguinte mostra a evolução dos valores de condutividade antes e depois da filtração das amostras atmosféricas recolhidas.

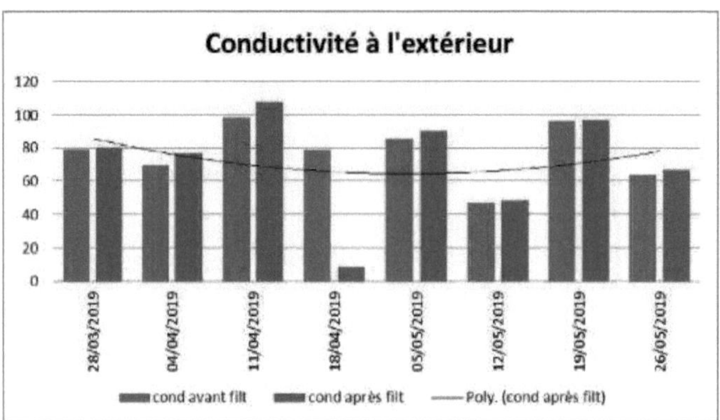

Figura 28: Condutividade das amostras antes e depois da filtração externa.

A figura 28 mostra uma ligeira variação na condutividade durante os dois (2) períodos, em que a filtração não teve qualquer efeito importante sobre este parâmetro. No caso do primeiro período, é registado um valor mínimo para a amostra da 2eme amostragem (69,5pS) e uma taxa máxima durante a terceira amostragem (98,5uS). Para o segundo período, a taxa mínima é registada no depósito total de 12/05/2019 (47,2uS) e a taxa máxima é registada na amostra de 19/05/2019 (96,2uS). Após filtração, foi registado um ligeiro aumento da condutividade da parte solúvel, com excepção da amostra de 18/04/2019 (8,87uS).

A definição de condutividade (uma medida da concentração de sal inorgânico na água pela sua capacidade de conduzir electricidade) mostra que é a parte insolúvel que bloqueia a passagem da corrente e que a parte solúvel é a mais carregada de iões.

5.2.1.2.   Fechado:

Conductividade fechada

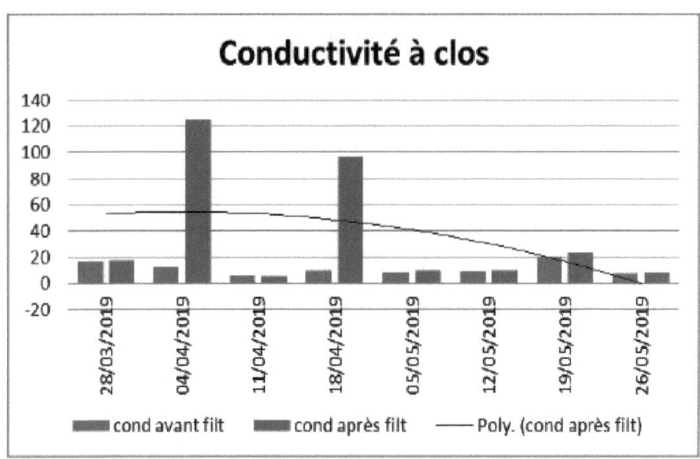

Figura 29: Condutividade das amostras antes e depois da filtração do espaço confinado.

De acordo com os resultados obtidos a partir da medição da condutividade das amostras atmosféricas recolhidas do espaço fechado, notamos que a condutividade não excede 23,7 uS e dois casos particulares ocorrem com valores elevados registados na segunda e quarta amostras, que se situam principalmente no período húmido (chuvoso) de (4 e 18/04/2019) que mostra a carga iónica da matéria dissolvida na parte solúvel.

N.B.: A condutividade da água destilada utilizada nesta obra é (6.1pS)

5.2.1.3. Depósitos húmidos (água da chuva) :

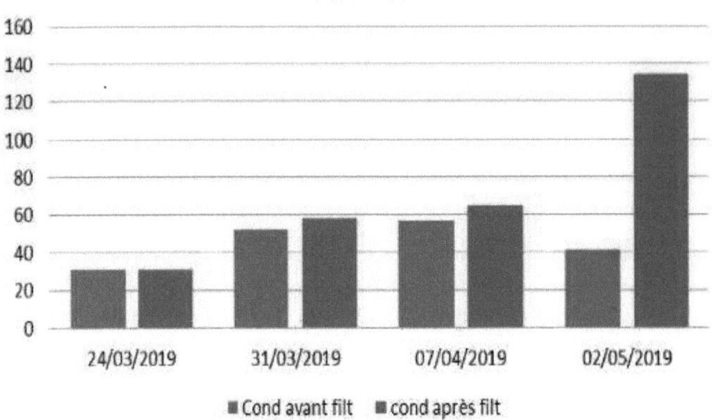

Figura 30: Condutividade da água da chuva antes e depois da filtração.

O histograma mostra um aumento da condutividade durante as três primeiras amostras antes e depois da filtração e em função do tempo, excepto para o último evento pluviométrico onde se regista uma diminuição para 40,7 pS imediatamente antes da filtração.

Comparando os valores de condutividade da água da chuva com os dos depósitos totais, verifica-se que os primeiros são mais carregados e podem ser responsáveis pela condutividade das amostras recolhidas externamente no que respeita à relação entre a condutividade, que representa a concentração da carga iónica, e o volume da amostra.
O aumento da condutividade com o tempo deve-se à emissão contínua de poluentes para a atmosfera pelos veículos e ao efeito do fenómeno da ressuspensão, apesar da lixiviação contínua da atmosfera durante os três primeiros eventos.

O aumento da condutividade após a filtração é explicado pela responsabilidade da parte solúvel que é sempre carregada com iões de lixívia da atmosfera.

Pode dizer-se que a água da chuva representa uma grande parte da deposição total, sendo este fenómeno obtido devido à importância da lixiviação para a deposição, ou seja, os poluentes foram depositados durante o primeiro período de estudo principalmente pelo processo húmido.

5.2.2. Potencial de hidrogénio :

5.2.2.1.   Fora :

A partir do capítulo anterior (capítulo 4), medimos os potenciais de hidrogénio das nossas amostras recolhidas, os resultados dão os seguintes histogramas:

pH no exterior

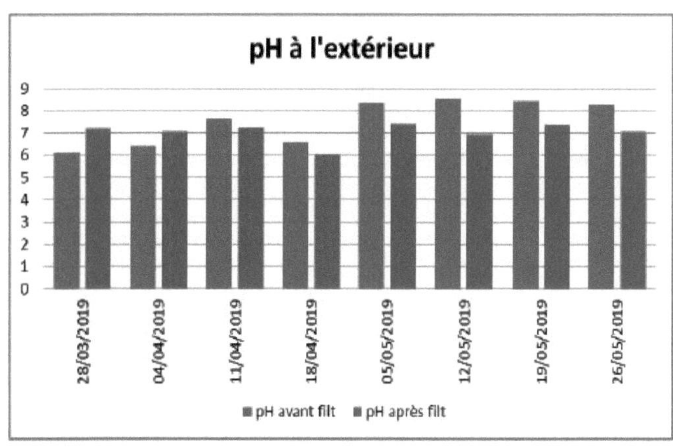

Figura 31: pH das amostras antes e depois da filtração ao ar livre.

O diagrama acima mostra uma diferença entre os valores de pH do primeiro e segundo períodos de estudo. Durante o primeiro período, notamos um pH ácido que varia entre 6,11 e 6,57, excepto no caso da terceira amostragem (pH =7,61), podemos dizer que temos um depósito ácido. Durante o segundo período, a basicidade das partículas recolhidas é observada com um pH que varia ligeiramente entre 8,26 e 8,55.

Após filtração o pH é quase neutro durante todo o período de estudo, excepto no caso de 18/04/2019 em que o pH é ácido (pH=6), também notamos uma pequena diminuição do pH após filtração, excepto as 2 primeiras amostras. Durante o período chuvoso, os valores obtidos são devidos à presença de uma grande quantidade de humidade (precipitação) ou temos depósitos ácidos ou durante o período seco temos depósitos básicos que se devem a isso. A ausência de humidade é um factor de acidez tal como confirmado na secção "A acidez da água".

5.2.2.2. Fechado:

pH fechado

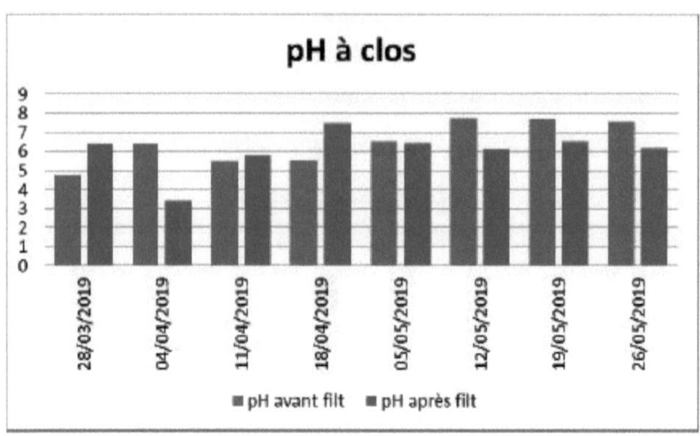

Figura 32: pH das amostras antes e depois da filtração fechada.

De acordo com o diagrama acima, notamos um depósito totalmente ácido durante o período húmido, que é perceptível após a filtração, e que pode ser devido à presença de agentes acidificantes (desodorizantes, cosméticos e/ou CO_2 libertados por trabalhadores e plantas) que se concentram na câmara sob o efeito da diminuição da temperatura durante este período, o que um pequeno estudo nos permitiu confirmar. Durante o período seco, notamos a estabilidade e neutralidade do depósito com uma ligeira diminuição após filtração, o que nos permite distinguir o aspecto ácido da parte solúvel, excepto para a amostra 1er onde não há grande variação no pH antes e depois da filtração. Comparando os valores de pH da parte solúvel durante os dois períodos, podemos ver que são quase estáveis devido à concentração de agentes acidificantes solúveis em água, que é quase constante. Portanto, pode-se concluir que não há relação entre a acidez da parte solúvel e a natureza das partículas recolhidas e que existe outro agente que pode ser ligado ao espaço fechado e aos seus componentes.

N.B.: O potencial de hidrogénio da água destilada utilizada neste trabalho é (5,30).

5.2.2.3. Água da chuva :

pH da água da chuva antes e depois da filtração

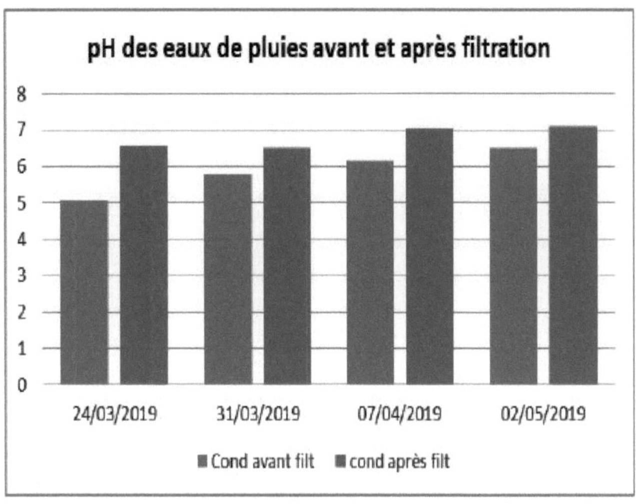

Figura 33: pH da água da chuva antes e depois da filtração.

O diagrama de pH mostra um aumento dos valores de 5,09 para 6,51 com um aspecto claramente ácido (chuva ácida), após filtração o pH aumenta e tende para a neutralidade nas duas últimas amostras devido à diminuição da concentração de espécies acidificantes na parte solúvel.

5.2.3. Massa do depósito :

5.2.3.1. Massa total do depósito (solúvel insolúvel) :

Os histogramas seguintes mostram os valores das partes solúveis e insolúveis contidas em cada amostra:

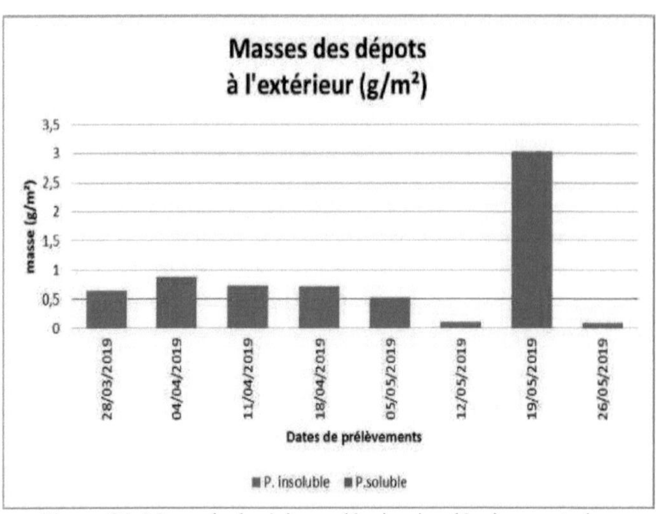

Figura 34: Massa de depósitos solúveis e insolúveis no exterior.

De acordo com o histograma acima, notamos que a massa da parte insolúvel $(0,08\text{g/m}^2 <\text{mp,ins}<3,014\text{g/m}^2$) é mais importante do que a massa da parte solúvel $(0,0007\text{g/m}^2 <\text{mp,s}<0,01\text{g/m}^2$), e que o depósito durante o período húmido é mais importante do que o registado durante o período seco. Durante o primeiro período, é observada a relação directa entre a taxa de precipitação e a massa do depósito, e é registado um depósito significativo na segunda última amostragem (19/05/2019) da estação seca devido aos ventos arenosos registados entre 12 e 19 de Maio de 2019, ou seja, antes da amostragem 7eme , o que favorece o depósito de uma quantidade muito grande de poeira.

5.2.3.2.   Depósito de massa fechado :

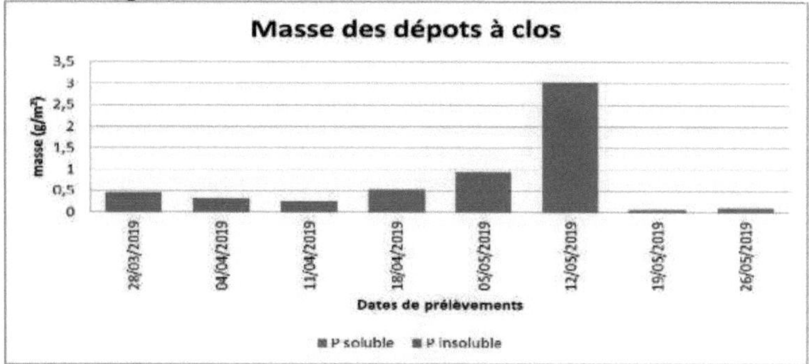

Figura 35: Massa de depósitos solúveis e insolúveis fechados.

De acordo com os resultados obtidos, registámos uma pequena quantidade do depósito que não excede 1g, excepto no caso da amostra de 12/05/2019. Quanto à massa da parte solúvel, ela é insignificante (é da ordem de mg) em comparação com a da parte insolúvel.

Notamos uma proporcionalidade inversa entre as massas do depósito total exterior e o depósito interior (figura 35). Durante o período húmido, quando o depósito exterior diminui, o depósito interior aumenta e vice-versa. Os valores do depósito total no exterior são quase o dobro dos registados no interior (md.t^2ma.clos), a partir da quinta amostragem (o período seco), verifica-se que o depósito no exterior é maior do que o depósito no exterior, com excepção do depósito de 19/05/2019 com um pico de 3,0147g/m^2 .

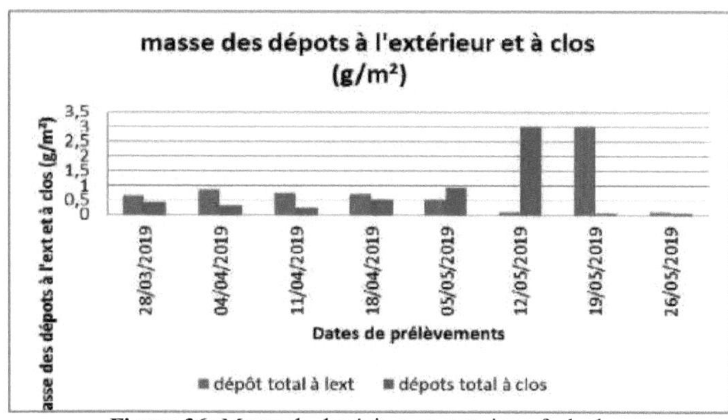

Figura 36: Massa de depósitos no exterior e fechados.

5.2.3.3.   Evolução da massa de depósitos :

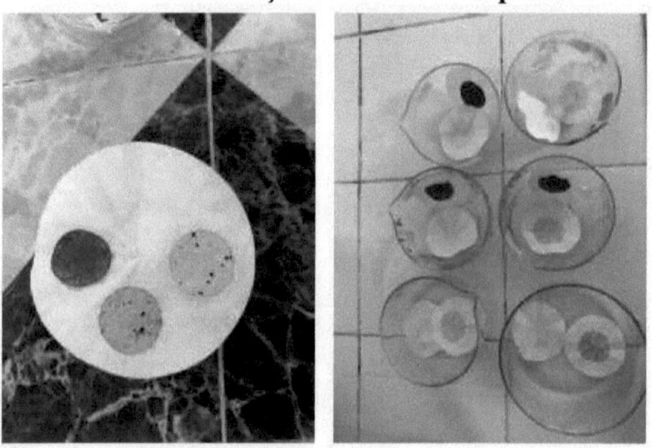

Figura 37: Depósito insolúvel.

5.2.4. Massa total do depósito (seco e húmido) :

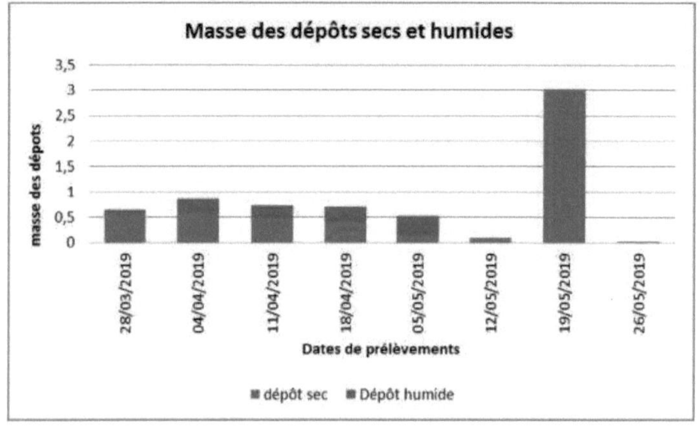

Figura 38: Massa de depósitos secos e húmidos.

De acordo com o histograma obtido acima, o depósito total e o depósito seco diminuem durante o primeiro período, e não excedem 1g de massa, enquanto o depósito húmido varia ligeiramente entre 0,2382g e 0,2831g, excepto no caso da primeira amostragem em que foi registado um depósito húmido e seco inferior ao da segunda amostragem. Os valores do depósito húmido representam quase metade do depósito seco e um terço do depósito total. Isto explica a importância do depósito húmido pelo seu efeito de lixiviação atmosférica contínua (em função da emissão contínua de partículas) durante este período de estudo e liberta as partículas restantes no ar para o solo.

O segundo período começa com um evento chuvoso intenso de curta duração e baixa quantidade, mas com uma massa máxima superior ao depósito seco ($Md.wet = 2Md._{dry}$ e $Md.wet = Md._{total}/3$). Para o resto do período, foi registado um depósito seco muito baixo (0,0912g, 0,0086g), na ausência do depósito húmido.

Além disso, notamos um acontecimento excepcional descrito por um vento de areia que provoca uma poeira correspondente à amostragem 7eme (19/05/2019) levando a um aumento significativo de depósitos secos na amostra colhida após este acontecimento (3,0249g).

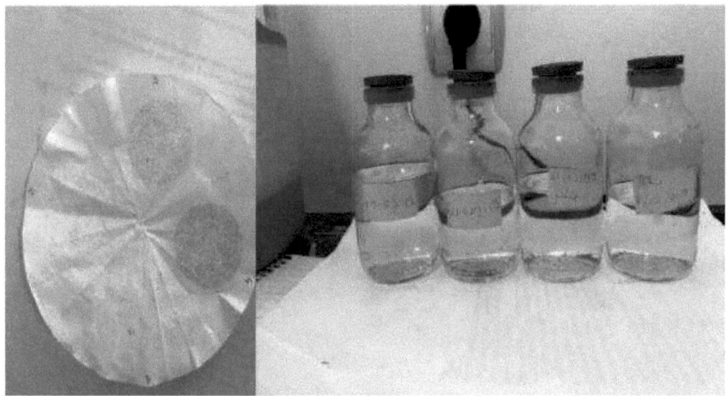

Figura 39: Zona húmida.

O quadro abaixo fornece informações sobre a quantidade de precipitação radioactiva durante os dois períodos de estudo.

Quadro 10: Massa de depósitos

Levy	Ao ar livre			
	Peso do depósito Total $(g/m^{2)}$	Molhado	Massa do depósito seco	Depósito total encerrado
1	0,6407	0,061	0,5797	0,4699
2	0,8681	0,2654	0,6027	0,32334

3	0,7242	0,2382	0,4860	0,2514
4	0,7082	0,2831	0.4251	0,5263
5	0,5168	0,3521	0,1647	0,9225
6	0,0912	0	0,0912	3,0151
7	3,0249	0	3,0249	0,06075
8	0,0086	0	0,0086	0,08407
Depósito (Ficar)	0,8228	**0,2399**	0,7168	**0,7163**
Depósito (diário)	0,1175	**0 ,0342**	0,1024	**0,1023**
Depósito (anual)	42,887	**12,483**	37,376	**37,349**

Observamos uma quantidade bastante grande de deposição que se deve à posição da escola paramédica perto da estrada RN4 e à forte ressuspensão que o tráfego nesta área provoca e pela forte direcção do vento (Noroeste) bem como pela precipitação que desempenha o papel da lixiviação atmosférica.

A ausência de deposição húmida nas amostras fechadas, onde a massa total de deposição é igual à da deposição seca, que tem um valor próximo do registado no exterior, mostra a importância da transferência directa da poluição para o espaço fechado e, consequentemente, a exposição directa das pessoas.

5.3.Análise SAA :

5.3.1. Depósito total :

5.3.1.1.　　Chumbo :

Os resultados da análise foram plotados no histograma abaixo:

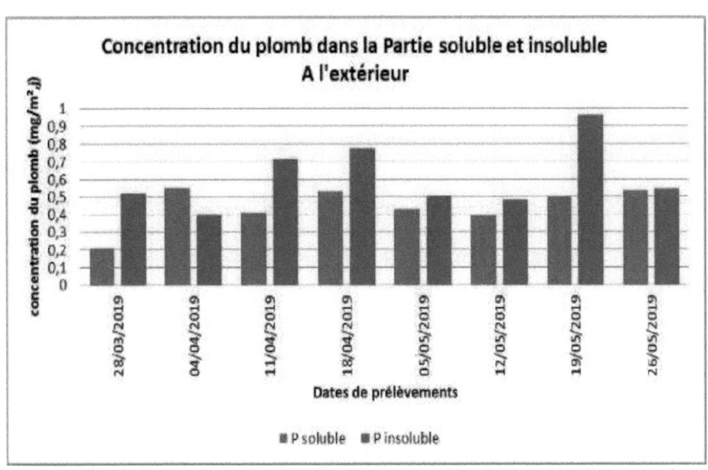

Figura 40: Concentração de chumbo na parte solúvel e insolúvel no exterior.

De acordo com os resultados obtidos e apresentados no histograma acima, notamos que o chumbo está presente principalmente na parte insolúvel da qual podemos concluir que está no estado particulado (metiltetra de chumbo), e uma excepção registada a 04/04/201) presente no estado solúvel devido à acidez.

Foi encontrada uma grande quantidade de chumbo na amostra colhida a 19/05/2019, que foi marcada por um vento arenoso, resultando numa ressuspensão das partículas e num aumento desta concentração.

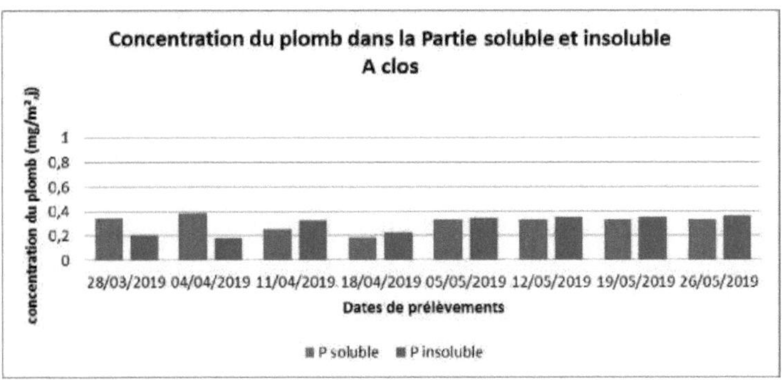

Figura 41: Concentração de chumbo na parte solúvel e insolúvel de um sistema fechado.

De acordo com os nossos resultados, notamos que durante as duas primeiras amostras a presença de chumbo na parte solúvel é maior do que na parte insolúvel e vice-versa durante as duas últimas amostras do período húmido.

Relativamente ao período seco podemos ver que as massas na parte solúvel são aproximadamente iguais às da parte insolúvel e uma certa estabilidade é observada durante todo o período com 0,3539 mg/m^2 como máximo e 0,3225 mg/m^2 como mínimo.

Segundo o jornal oficial argelino N°4 1993, os padrões de chumbo na atmosfera foram fixados em 1 mg/m2, por esta base podemos concluir que tem concentrações bastante importantes de chumbo, nomeadamente a dos 11, 18/04/2019 e também a dos 19 e 26/05/2019.

Relativamente às amostras exteriores, ao contrário das amostras interiores, a quantidade é menos importante mas bastante presente, sendo o máximo registado o de 04/04/2019 com uma concentração de 0,3893 mg/m2.

5.3.1.2.   Cádmio :

Após análise das nossas amostras, descobrimos que a presença de cádmio é indeterminada, ou seja, em quantidades vestigiais, apenas a amostra colhida em 05/05/2019 mostra uma quantidade significativa de massa de cádmio que ascende a 0,05714286mg/m2 no exterior e um valor de 0,20714286 mg/m2 registado em 28/03/2019 e 0,03214286 registado em 05/05/2019 identificado no período seco. (Ver anexo)

5.3.1.3.   Níquel :

De acordo com os resultados obtidos a partir da análise SAA da massa de níquel nas nossas amostras, registámos uma quantidade muito pequena de níquel traço de 0,00107143 mg/m^2 e uma ausência total de níquel nas amostras retiradas da área fechada (ver anexo).

5.3.1.4.   Cobre :

Os resultados da análise AAS das amostras recolhidas externamente são mostrados no histograma abaixo:

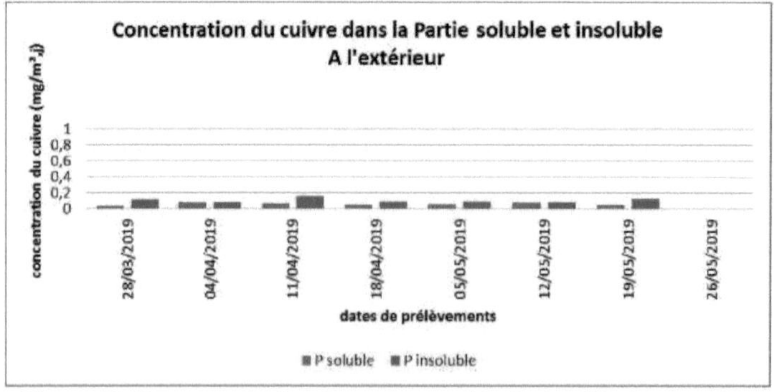

Figura 42: Concentração de cobre na parte solúvel e insolúvel no exterior.

A partir do histograma, pode-se ver que o cobre está mais presente na parte insolúvel do que na parte solúvel de onde é depositado mais em forma de partículas e uma pequena estabilidade relativamente à amostragem 4eme , 5eme e 6eme .

Durante a amostragem de 26/05/2019 foi notada uma quantidade extremamente pequena de cobre ou em quantidades vestigiais.

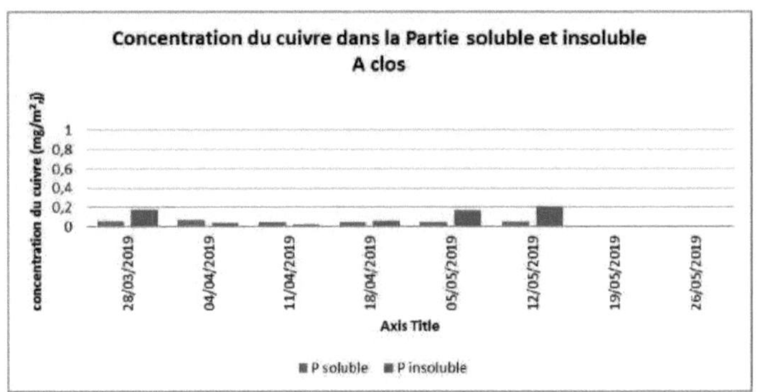

Figura 43: Concentração de cobre na parte solúvel e insolúvel no exterior.

Observamos que o depósito fechado durante o período húmido é maior do que durante o período seco.

No que diz respeito às amostras fechadas, observamos quantidades inferiores às do exterior, pelo que a presença de cobre foi determinada no espaço fechado.

Relativamente ao cobre de acordo com o jornal oficial argelino N°4 1993, o limiar de tolerância para o cobre foi fixado em 3 mg/m^2 , pelo que podemos notar, relativamente às amostras de exterior, concentrações bastante baixas de cobre que não excedem 0,1571 mg/m2 de 11/04/2019 a 26/05/2019.

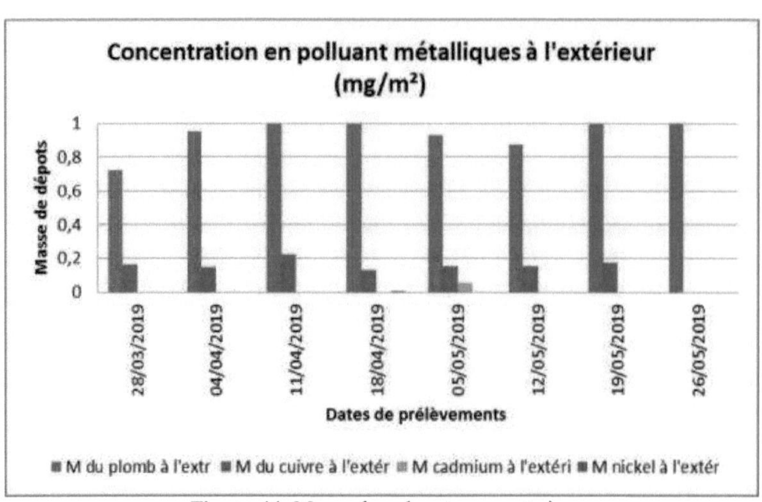

Figura 44: Massa de poluentes no exterior

Externamente, podemos concluir que a massa de chumbo é a mais dominante em comparação com os outros poluentes metálicos analisados, excede de longe durante todo o nosso estudo, daí que $mNi < mcd < mcu < mpb$ esta superioridade da massa de chumbo se deva à sua presença nos combustíveis dos veículos. A quantidade de níquel é quase indeterminada em comparação com os outros poluentes metálicos.

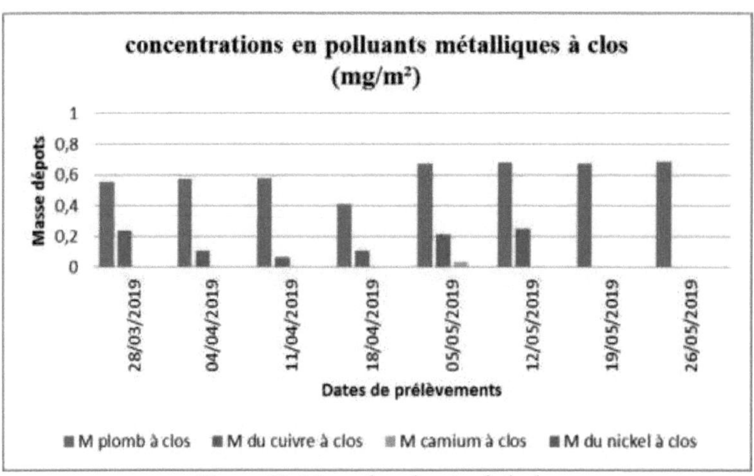

Figura 45: Massa de poluentes fechada.

À semelhança das amostras ao ar livre, a massa de chumbo também domina nas amostras fechadas mas em proporções quase idênticas às das amostras ao ar livre, e nas datas de 19 e 26/05/2019 estavam presentes vestígios de cádmio, cobre e níquel.

5.3.2. Depósito húmido

A análise SAA das nossas amostras deu os seguintes resultados:

Quadro 11: Resultados do SAA, concentração e absorção de chumbo

Data	Resultados da análise mg/l		Concentração (mg/m)^2	
	Puble	P insolúvel	Puble	P insolúvel
1	Indeterminar	0 ,02	Indeterminar	0,5
2	Indeterminar	0,01	indeterminar	0,25
3	0,004	0,01	0,1	0.25
4	Indeterminar	0,03	indeterminar	0,75
Total	0,004	0,007	0,1	1,75

Quadro 12: Resultados de SAA, concentração e absorção de Cádmio

Data	Resultados da análise mg/l		Concentração (mg/m)^2	
	Puble	P insolúvel	Puble	P insolúvel
1	0,003	0,021	0,075	0,525
2	indeterminar	0.001	indeterminar	0,025
3	0,006	0,104	0,15	0,79
4	indeterminar	0,006	indeterminar	0,15
Total	0,009	0	0,225	1,49

Quadro 13: Resultados de SAA, concentração e absorção de Níquel.

Data	Resultados da análise mg/l		Concentração (mg/m)^2	
	Puble	P insolúvel	Puble	P insolúvel
1	Indeterminar	0.017	indeterminar	0,425
2	0,007	Indeterminar	0,175	Indeterminar
3	0,011	Indeterminar	0,275	Indeterminar
4	Indeterminar	0.046	indeterminar	0,625
Total	0,018	0,063	0,45	1,05

A partir destas tabelas podemos confirmar que a existência de deposição húmida de metais é bastante significativa, especialmente chumbo, cádmio e a presença de uma quantidade muito pequena de níquel, apesar das pequenas quantidades de precipitação, que se encontram na forma de partículas e não na forma dissolvida. A presença destes elementos pode ser explicada pela sua ligação a partículas (wash-out) ou na forma orgânica que pode ser lavada pela chuva.

É de notar que até à data não foram estabelecidas normas para a presença destes elementos na água da chuva.

Parte 2: Realização do inquérito epidemiológico.

Os organismos internacionais de saúde consideram aceitável um nível de chumbo no sangue inferior a 0,48 pmol l (10 pg/dl) (ATSDR 2007; OMS 1995; CDC 1991). Este valor de referência do sangue destina-se a proteger a população em geral dos efeitos adversos do chumbo sobre a saúde, especialmente crianças pequenas. No entanto, este valor limiar é cada vez mais contestado pelos especialistas. Os peritos acreditam que é necessária uma revisão do nível de acção para o chumbo à luz de estudos recentes que sugerem efeitos na saúde abaixo das 0,48 pmol l (10 pgdl) (Marc Rhainds et al, 2006-2007).

Os resultados obtidos a partir da análise SAA das amostras de sangue foram registados no quadro seguinte:

Quadro 14: Concentração de chumbo no sangue dos indivíduos.

Indivíduos	Concentração de chumbo no sangue (gg/l)	Concentração de chumbo no sangue (gmol/l)
1	119	0,5743
2	45	0.2172
3	3,3	0.0159
4	48,5	0.2341
5	Indeterminar	Indeterminar
6	3,61	0,1743
7	29,3	0,1415
8	Indeterminar	Indeterminar
9	Indeterminar	Indeterminar
10	41,0	0,1980
11	1,5	0,0072
12	1,1	0 ,0053
13	1,4	0,00675
14	Indeterminar	Indeterminar
15	Indeterminar	Indeterminar

NB: indeterminado: presença em quantidades extremamente pequenas.

Quadro 15: Taxa de participação de doadores elegíveis no estudo (n = 15) obtida a partir dos questionários auto-administrados.

Características (número elegível)	Participantes do estudo (sem chumbo)		Participantes no estudo com resultados de chumbo	
	n	de pessoas elegíveis	n	de pessoas elegíveis
Total (15)	n=5	33,33	n=10	66,66
Género				
Homens (n=5)	0	0	5	100
Mulheres (n=10)	5	50	5	50
Idade				
J Com menos de 20 anos(n=0)	0	0	0	0
20 a 29 anos (n=10)	5	50	5	50
J 30 a 49 anos (n=4)	0	0	4	100
J 50 anos e mais(n=1)	0	0	1	100
Região sócio-sanitária de residência				
- Khemis (n=13)	3	23,07	10	76,92
- Ain defla (n=0)	0	0	0	0
- Miliana (n=1)	1	100	0	0
- Boumedfa (n=0)	0	0	0	0
- Sidi Lakhdar (n=0)	0	0	0	0
- Outros (n=1)	1	100	0	0
Casa				
- Zona rural (n=8)	4	50	4	50
- Zona urbana (n=7)	1	14,28	6	85,71
Estado de saúde				
- Fadiga músculo (n=1) -	0	0	0	0
Enxaqueca o tempo todo tempo (n=5)	1	20	2	40
- Depressão de Ocasionalmente (n=2)	1	20	1	20
- Perda de apetite (n=9)	1	11,11	2	22,22
- Dor abdominal (n=5)	2	40	3	60
- Problemas de audição (n=3)	0	0	2	66,66
- Anemia (n=1)	0	0	1	100
Fumador (n=3)	0	0	3	100
Não fumador (n=12)	5	41,66	7	58,33

A figura 8 do Capítulo 2 permite-nos confirmar a presença de chumbo no sangue, cujos resultados são registados no Quadro 14 acima. Podemos ver que existe uma concentração bastante elevada de chumbo no sangue de alguns dadores, particularmente do primeiro dador, que excede 100pg l.

O Quadro 15 resume a percentagem de risco de envenenamento por chumbo e os factores resultantes. Apesar do número limitado de amostras, a concentração de chumbo foi detectada em 10 dos 15 doadores (66,66%). Os factores mais comuns foram: tabagismo (100%), idade (mais de 30 anos), maior probabilidade de os homens terem envenenamento por chumbo do que as mulheres, e viver perto da fonte do chumbo com uma percentagem de 85,71%.

De acordo com os resultados, a dor abdominal estava ligada à enxaqueca e ao envenenamento por chumbo, apenas um caso de anemia foi registado e este estava directamente relacionado com a concentração de chumbo no sangue (100ug/l). A perda de apetite e a depressão quase não estão directamente relacionadas com o envenenamento por chumbo.

Entre os indivíduos estudados, um caso que suscitou preocupação tinha uma concentração de chumbo de 119 pg/l, e apresentava os seguintes factores

- idade superior a 30 anos ;

- homem ;

- problema de audição ;

- dor abdominal ;

- fumador ou ex-fumador ;

- enxaqueca ;

- anemia.

Esta análise dos dados mostra-nos o estado de saúde da nossa população em estudo, o que representa um envenenamento significativo por chumbo.

Conclusão Geral

Este modesto trabalho permitiu-nos identificar o nível de poluição de origem rodoviária através da determinação da taxa de deposição da precipitação total seca e húmida na vizinhança da estrada nacional 4 (RN4) mais precisamente na escola para-médica durante o período de dois períodos diferentes, um primeiro período húmido (21/03/2019 a 18/04/2019) e um período seco (29/04/2019 a 26/05/2019), fora e fechado pela análise SAA dos poluentes metálicos, nomeadamente chumbo, cádmio, cobre e níquel, nas amostras atmosféricas e chumbo no sangue, a fim de confirmar uma intoxicação por chumbo conhecida como chumbo

Os resultados obtidos a partir da análise permitiram-nos, por um lado, especificar que as concentrações de chumbo e cobre eram superiores às dos outros poluentes metálicos e também que estas se encontram na parte insolúvel, o que confirma as suas formas particuladas, sendo também encontradas em menor proporção na parte solúvel obtida após a filtração, A presença de cádmio e níquel em traços mais pequenos com baixas concentrações permite-nos ter uma ideia do bom estado do tráfego rodoviário (idade e nova tecnologia) e da superfície da estrada, que qualificaríamos como inofensivos para a saúde, e por outro lado, permitiu-nos também afirmar com certeza que a parte solúvel está carregada de poluentes iónicos e neutros ou básicos, enquanto que a parte insolúvel está carregada de poluentes não-iónicos e ácidos.

Os parâmetros meteorológicos influenciam a deposição de poluentes de diferentes maneiras. A humidade, a precipitação e os ventos fracos têm um efeito directo sobre a deposição, enquanto a temperatura e os ventos fortes influenciam o transporte de partículas atmosféricas.

Os valores do depósito exterior total e do depósito fechado mostram o impacto directo deste tipo de poluição no ponto de emissão, a aeração deste espaço evita a acumulação de poluentes por um lado e por outro favorece a sua proliferação e consequentemente a contaminação do pessoal.

Os níveis de poluentes nos diferentes depósitos excedem as normas estabelecidas e mostram o nível de poluição na área de estudo, da qual a poluição local foi registada durante todos os períodos de estudo e a poluição regional no caso da amostragem de 19/05/2019.

Conclui-se também que a relação entre o consumo de combustível e o nível de poluição, com níveis máximos de gasóleo a serem registados apesar do aumento do consumo de combustíveis limpos, como o GPL e a gasolina sem chumbo.

A medição da concentração de chumbo no sangue continua a ser o indicador mais fiável para detectar níveis de chumbo acima de 0,15 umol l em dadores de sangue.

As informações do presente estudo sugerem que a idade e o sexo dos dadores de sangue são determinantes importantes na avaliação do risco de envenenamento por chumbo acima de 0,15 umol l. Estes factores poderiam ser utilizados, por exemplo, como parte de um sistema de gestão de sangue para seleccionar dádivas de sangue com baixos níveis de chumbo abaixo deste valor.

O fumo, a exposição prolongada a poluentes emitidos pelo tráfego rodoviário ou por um sector de trabalho onde o chumbo é utilizado em certos materiais (baterias, etc.), são factores que podem levar a uma certa dose de chumbo.

Os diferentes parâmetros do estado de saúde das pessoas estudadas no nosso inquérito, permite-nos exigir a consideração deste tipo de anemia nos diagnósticos médicos e na classificação com doenças crónicas.

Finalmente, o nosso estudo permitiu-nos avaliar o impacto do transporte rodoviário na qualidade do ar urbano e na saúde pública na cidade de Khemis Miliana, o que faz parte de uma perspectiva de estabelecer um equilíbrio entre a mobilidade do transporte urbano e a taxa de poluição gerada.

No final, podemos concluir que este estudo é mais sobre a saúde dos nossos doadores.

Para resolver tais problemas, podem ser tomadas várias medidas. A nível local, são necessárias várias melhorias em termos de gestão de tráfego, particularmente nos pontos negros mais significativos, é necessária uma melhor sinalização e estacionamento regulamentado, uma reformulação dos planos de transporte e tráfego seria uma prioridade para as autoridades locais, a utilização de transportes públicos, melhorando ao mesmo tempo a sua qualidade de serviço, A utilização dos transportes públicos, melhorando a sua qualidade de serviço, o controlo e regulação dos transportes públicos, o incentivo à partilha de automóveis, a melhoria e extensão das infra-estruturas rodoviárias, a concepção de pistas para ciclistas para incentivar a utilização da bicicleta, a opção pelo eléctrico para reduzir o fenómeno do congestionamento e do estacionamento anárquico, e medidas de incentivo e incentivo à utilização de combustíveis menos poluentes (GPL, GNC), seriam necessárias para fazer face a esta situação.

Contudo, seria necessário um estudo aprofundado para determinar a dispersão e o tempo de residência dos poluentes em relação a toda a cidade, a fim de elaborar mapas apropriados e confirmar o estado epidémico desta doença, a fim de reduzir as possibilidades de intoxicação e o cuidado das pessoas contaminadas para evitar a gravidade da situação (diferentes tipos de cancros).

Devem ser desenvolvidos critérios objectivos no futuro para orientar a decisão sobre a inclusão ou não de agentes químicos nas medidas de rastreio de produtos sanguíneos. Estes critérios devem basear-se no modelo de gestão do sangue utilizado para a despistagem de agentes infecciosos. Por exemplo, esta lista de critérios poderia incluir um bom conhecimento da toxicocinética do agente, incluindo o chumbo, a persistência do contaminante no organismo, a disponibilidade de um teste de rastreio fiável, os custos do teste, as provas científicas dos efeitos documentados na saúde humana, a gravidade dos efeitos na saúde, a prevalência do contaminante na população, a importância relativa do tráfego rodoviário como fonte de exposição em comparação com outras fontes, e a presença de grupos vulneráveis. A experiência adquirida com o chumbo deve preparar o caminho para novos estudos sobre este tipo de poluição e o seu efeito sobre a saúde humana.

É evidente, com base nas provas científicas disponíveis até à data, que todos os meios razoáveis devem ser utilizados para limitar a exposição da população ao chumbo, e em particular das crianças pequenas.

Referência Bibliográfica

(**A.AvilaGalarza. 1996**) Difusão de poluentes atmosféricos numa área topográfica complexa, Estes, Universite Paris XII, França, 1996

(**Al barakeh, Z. 2012**). Monitorização da poluição atmosférica por sistema multi-sensor - método misto de classificação e determinação do índice de poluição. Estes doutoramentos, Universidade de Saint Etienne, França, 2012

(**Anderson, H.R. 2009**) Poluição atmosférica e mortalidade: Uma história. Ambiente atmosférico, Vol. 43, No. 1, 2009, p. 142 - 152.

(**Anthony-ung. 2003**). Cartographie de la pollution atmospherique en milieu urbain a l'aide de données multi-sources, tese de doutoramento, Universite Paris 7 - Denis Diderot, França, 2003

(**Aouragh, 2015**): L. Aouragh, Etude de la Qualite de l'Air Urbain au Niveau de la Ville de Batna : Cas du Transport Routier, these de doctorat, Universite Batna, Algerie, 2015

(**Arnaud Catherine, 2008**),Methodologiegenerale de la recherche epidemiologiques; lesenquetes epidemiologiques, ups-tls, Toulouse : Faculte de Medecine de Toulouse Purpan et Toulouse Rangueil, 2008 ,9p

(**Bastarache E, 2003**), "Chromium and its compounds: Substitutions of complex ceramic materials. Smart Conseil", Quebec, Canadá.

(**Bliefert, 2011**).Bliefert, Química Ambiental, 2eme Edição franchise, Alemanha, 2011

(**Carole Delmas-Garbas, 2000**) Influence des conditions physico-chimiques sur la mobilite du plomb et du zinc dans un sol et un sediment en domaine routier, These de doctorat, Universite de PAU et des pays de L4ADOUR, França, 2000

(**CETE Nord Picardie, 2004**). Comparaison de methodes d'analyse des traces metalliques (ETM) et des hydrocarbures aromatiques polycycliques (HAP) sur les sols et les végétaux, Relatório de estudo Certu, França, 2004

(**CITEPA. 2001a**). Relatório: "Inventaire des emissions de polluants dans l'atmosphère en

(**CITEPA. 2004**). Centre Interprofessionnel Technique D'etude de la Pollution Atmospherique, Calcul des émissions dans l'air-principes methodologiques generaux-Methodologie-Emissions, 24 p. Documento interno disponível no website www.citepa.org.

(**CITEPA. 2011b**). Relatório: Emissões atmosféricas de partículas em suspensão (PM) na França metropolitana.

(Cox, R.A.; Derwent, R.G.1981). Gas kinetics and energy transfer, Specialist Periodical Reports Chem. Soc. 4, p. 189.

(Degobert, P. 1995). Automóvel e poluição. Paris: Editions Technip. 516. ISBN 2-71080628-2.

(Emery, J. 2012) La qualite de l'air liee au transport routier en milieu urbain: Analyse des concentrations en oxydes d'azote sur l'agglomeration dijonnaise, memoire pour l'obtention du Master 2 Transport, Mobilite-Environnement, Climat, université de Bourgogne, France, 2012

(Flanquart, M., Anicia, L. 2000). Avaliação do risco para a saúde devido à poluição do tráfego rodoviário num ambiente urbano, projecto cindynique.

(François, S. 2004). Metodologia para o estabelecimento de cadastros de emissões à escala regional: Aplicação ao cadastro descontado e sua extensão à região PACA, Estes de l'universite Louis Pasteur-Strasbourg 1- França, 2004

(Frere et al., 2005), Les pollutions atmospheriques urbaines de proximite a l'heure du développement durable. Developpement durable et territoire, Dossier 4: La ville et l'enjeu du Developpement Durable, 2005.

(Joumard r &al. 1999). Influência do ciclo de condução nas emissões unitárias de poluentes dos automóveis de passageiros.

(joumard, 2003). Les enjeux de la pollution de l'air de transport, Avignon, França, 2003.

(Koffi.B, 2002). O que sabemos sobre a poluição fotoquímica urbana: La Documentation Frangaise, 2002. 101 p. ISBN: 2110049693.

(Kulkarni.N. e Grigg.J.2008). Efeito da poluição do ar nas crianças - Simpósio da Conferência: socialpaediatria. - Elsevier, pp. 238-243.

(LouadahHadjila, 2016): Louadah Hadjila, Mesure et estimation de la pollution d'origine automobile dans la ville de Bejaia,Memoire de Fin de Cycle En vue de l'obtention du diplôme master, Universite A. MIRA - Bejaia; 2016

(Macete, V. 2005). "Estimativa da incerteza e previsão do conjunto com um modelo químico de transporte - Aplicação à simulação numérica da qualidade do ar". Estes de doutoramento. Ecole des ponts Paris Tecn. França, 2005

(Marc Rhainds et al, 2006-2007), Etude de la prevalence de la plombemiechez les donneurs de sang au Quebec, Rapport de recherche, Quebec, ISBN, 2006-2007, 1478p.

(Mokhtar.A, 2010): Etude de la mobilite du plomb et du zinc en fonction des parametres physico-chimiques d'un sol en milieu routier, thèse de doctorat, université d'Oran, Algerie, 2010

(Monk. P.S., 2009). Mudança de composição atmosférica - qualidade do ar global e regional, Ambiente atmosférico Vol.43, p. 5268-5350.

(Pagotto, 1999): C.Pagotto, etude sur l'émission dans les eaux et dans les sols des elements traces metalliques et des hydrocarbures en domaine routier, thèse de doctorat, universite de Poitiers, França, 1999

(Ponche.J.L, 2003). Modelisation de la qualite de l'air tropospherique: cinetique de transferts heterogenes, inventaires spatialises d'émissions atmospheriques et modelisation a meso - echelle. Memoire d'habilitation a diriger des Recherches. Université Louis Pasteur de Strasbourg, França, 2003

(Ramadef . 2000). Dicionário Enciclopédico de Poluentes. Ciência

(Sportisse. B, 2008). Poluição atmosférica: Dos processos à modelação. SpringerVerlag France. Paris, 2008. 345 p. (Ingenierie et developpement durable). ISBN: 978-2-28774961-2.

(Who R.O, para E., 2000). Air Quality Guidelines for Europe: Second Edition Copenhagen : Organização Mundial de Saúde : Escritório Regional para a Europa, 2000. (Quem publicações regionais. Série europeia; Nº 91)

(Quem, 2003). Aspectos sanitários da poluição do ar com partículas em suspensão, ozono e dióxido de nitrogénio.

B. LOMBI , WENZEL W.W., ADRIANO D.C. Solos contaminados por arsénico: I. risk assessment, cap 33, in Remediation engineering of contaminated soils, D.L. Wise, D.J. Trantolo, E.J. Cichon, H.I. Inyang e U. Stottmeister editors, Dekker, New York, 2000, P: 715-738.

Brunekreef, B e J. Sunyer, 2003, Asma, rinite e poluição atmosférica: a culpa é do tráfego?.Eur. Respeito. J., 2003; 21: 913-5. Internacional. Paris, 402.

Nicolas. P, (1996). Ville Transports et Environnement, Contributions relatives des parametres du trafic routier affectant la pollution sonore et atmospherique en milieu urbain, tese de doutoramento, Université Lumiere Lyon 2, França, 1996.

Rahal Farid, 2015. Modelisation de la pollution atmospherique. Le cas de la region d'Alger, These de doctorat, Université d'Oran Mohamed Boudiaf, Algerie, 2015

Relatório de Informação nº 261 (2000-2001) por Gerard MIQUEL e outros em nome do Gabinete Parlamentar de Avaliação das Opções Científicas e Tecnológicas, apresentado em 5 de Abril de 2001Relatório de Informação nº 261 (2000-2001) por Gerard MIQUEL e outros em nome do Gabinete Parlamentar de Avaliação das Opções Científicas e Tecnológicas, apresentado em 5 de Abril de 2001

(Royal comission on environmental pollution) Os transportes e o ambiente. Dezoito relatório, Londres, 1994

Antes da Filtração		
Taxa externa	**Cond (gS)**	**pH**
28-03-2019	79,2	6,11
04-04-2019	69,5	6,40
11-04-2019	98,5	7,61
18-04-2019	78,7	6,57
05-05-2019	85,2	8,35
12-05-2019	47,2	8,55
19-05-2019	96,2	8,47
26-05-2019	64	8,26

Levy Fechado	Cond(gS)	pH
28-03-2019	16,82	4,74
04-04-2019	12,40	6,40
11-04-2019	6,30	5,47
18-04-2019	9,45	5,53
05-05-2019	8,46	6,54
12-05-2019	8,77	7,76
19-05-2019	19,90	7,72
26-05-2019	7,35	7,57

Tableau 16   Parâmetros físico-químicos das amostras antes da filtração.

Após Filtração		
Taxa externa	**Cond (gS)**	**pH**
28-03-2019	80,3	7,20
04-04-2019	76,8	7,07
11-04-2019	107,8	7,26
18-04-2019	97 ,2	7,45
05-05-2019	90,7	7,41
12-05-2019	48,3	6,94
19-05-2019	96,8	7,35
26-05-2019	66,5	7,07

Levy Fechado	Cond(gS)	pH
28-03-2019	17,22	6,42
04-04-2019	124,8	3,42
11-04-2019	5,57	5,80
18-04-2019	8,87	6
05-05-2019	9,93	6,45
12-05-2019	10,03	6,17
19-05-2019	23,7	6,53
26-05-2019	8,30	6,19

Tableau 17   Parâmetros físico-químicos das amostras após filtração.

Água da chuva versus filtração

Data	Cond (gS)		Ph		Temperatura (°C)
	Antes de	Depois de	Antes de	Depois de	
19-03-2019	30,7	30,6	5,09	6,55	
21-03-2019	51,5	57,5	5,78	6,50	
31-03-2019	56,8	65	6,15	7,04	25
23-04-2019	40,7	25,02	6,51	6,12	
07-04-2019	105,2	134,3	5,79	7,11	

Tableau 18   Parâmetros físico-químicos da água da chuva antes e depois da filtração.

Chumbo

A curva de calibração para a análise SAA é a seguinte:

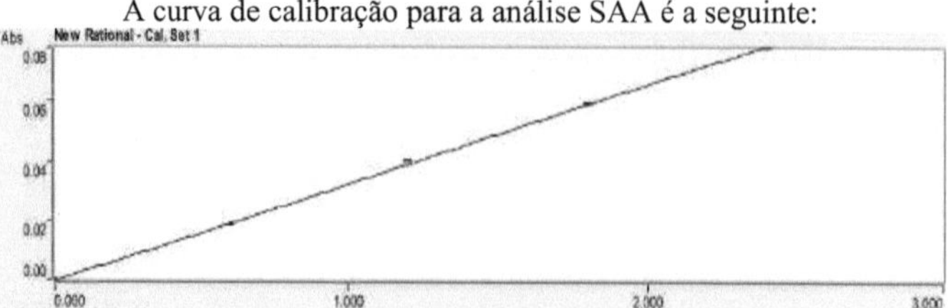

Figura 46: Curva de calibração de chumbo.

Quadro 19: Resultados SAA, concentração de chumbo na parte solúvel e insolúvel (exterior).

Datas	Resultados da análise mg/l		Concentração (mg/m^2 .d)	
	P. solúvel	P. Insolúvel	P. solúvel	P. Insolúvel
28/03/2019	0,0581	0,145	0,2075	0,517857143
04/04/2019	0,155	0,111	0,553571429	0,396428571
11/04/2019	0,114	0,2	0,407142857	0,714285714
18/04/2019	0,149	0,217	0,532142857	0,775
05/05/2019	0,12	0,141	0,428571429	0,503571429
12/05/2019	0,11	0,135	0,392857143	0,482142857
19/05/2019	0,14	0,27	0,5	0,964285714
26/05/2019	0,151	0,153	0,539285714	0,546428571
C. estadia	-	-	24,9275	34,30
C. diariamente	-	-	3,56107142	4,9
C. anual	-	-	1281,98571	1764

Quadro 20: Resultados SAA, concentração de chumbo na parte solúvel e insolúvel (um fechado).

Datas	Resultados da análise mg/l		Concentração (mg/m^2 .d)	
	P. solúvel	P. Insolúvel	P. solúvel	P. Insolúvel
28/03/2019	0,0959	0,0581	0,3425	0,2075
04/04/2019	0,109	0,0501	0,389285714	0,178928571
11/04/2019	0,0709	0,0898	0,253214286	0,320714286
18/04/2019	0,0519	0,630	0,185357143	0,225
05/05/2019	0,0919	0,0959	0,328214286	0,3425
12/05/2019	0,0927	0,0978	0,331071429	0,349285714
19/05/2019	0,0918	0,097	0,327857143	0,346428571
26/05/2019	0,0931	0,0991	0,3325	0,353928571
C. estadia	-	-	17,3849999	16,269999
C. diariamente	-	-	2,48357142	2,324285713
C. anual	-	-	894,088713	836,7428567

<h1 style="text-align:center">Cádmio :</h1>

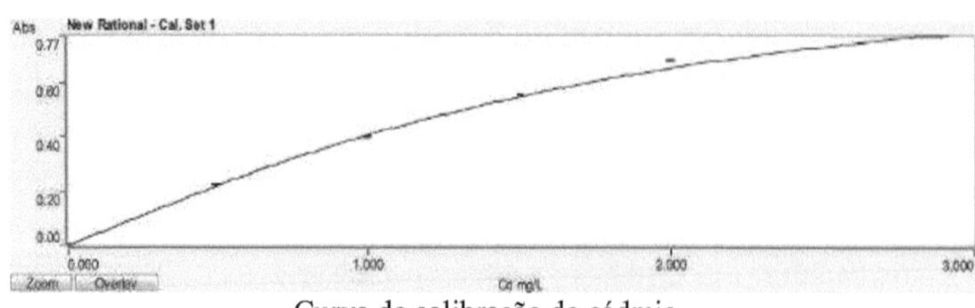

Curva de calibração do cádmio.

Figura 47: Resultados de SAA, concentração e absorção de cádmio na parte solúvel e insolúvel (exterior).

Datas	Resultados da análise mg/l		Concentração (mg/m^2 .d)	
	P. solúvel	P. Insolúvel	P. solúvel	P. Insolúvel
28/03/2019	indeterminar	indeterminar	indeterminar	indeterminar
04/04/2019	indeterminar	indeterminar	indeterminar	indeterminar
11/04/2019	indeterminar	indeterminar	indeterminar	indeterminar
18/04/2019	indeterminar	indeterminar	indeterminar	indeterminar
05/05/2019	indeterminar	0,016	indeterminar	0,05714286
12/05/2019	indeterminar	indeterminar	indeterminar	indeterminar
19/05/2019	indeterminar	indeterminar	indeterminar	indeterminar
26/05/2019	indeterminar	indeterminar	indeterminar	indeterminar
C. estadia	-	-	indeterminar	0,4
C. diariamente	-	-	indeterminar	0,05714286
C. anual	-	-	indeterminar	20,5714296

Figura 48: Resultados de SAA, concentração e absorção de cádmio na parte solúvel e insolúvel (uma parte fechada).

Datas	Resultados da análise mg/l		Concentração (ug 2/mj)	
	P. solúvel	P. Insolúvel	P. solúvel	P. Insolúvel
28/03/2019	indeterminar	0,058	Indeterminar	0,20714286
04/04/2019	indeterminar	Indeterminar	Indeterminar	Indeterminar
11/04/2019	indeterminar	Indeterminar	Indeterminar	Indeterminar
18/04/2019	indeterminar	Indeterminar	Indeterminar	Indeterminar
05/05/2019	indeterminar	0,009	Indeterminar	0,03214286
12/05/2019	indeterminar	Indeterminar	Indeterminar	Indeterminar
19/05/2019	indeterminar	Indeterminar	Indeterminar	Indeterminar
26/05/2019	indeterminar	Indeterminar	Indeterminar	Indeterminar
C. estadia	-	-	Indeterminar	1,67500004
C. diariamente	-	-	Indeterminar	0,23928572
C. anual	-	-	Indeterminar	86,1428592

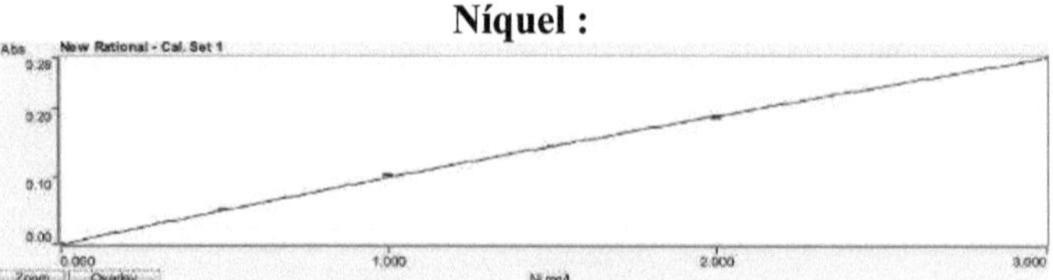

Figura 49: Curva de calibração de níquel.

Quadro 21: Resultados do SAA, concentração e absorção de Níquel na parte solúvel e insolúvel (exterior).

Datas	Resultados da análise mg/l		Concentração (mg/m^2 .d)	
	P. solúvel	P. Insolúvel	P. solúvel	P. Insolúvel
28/03/2019	indeterminar	indeterminar	indeterminar	Indeterminar
04/04/2019	indeterminar	indeterminar	indeterminar	Indeterminar
11/04/2019	indeterminar	indeterminar	indeterminar	Indeterminar
18/04/2019	indeterminar	0,0003	indeterminar	0,00107143
05/05/2019	indeterminar	indeterminar	indeterminar	Indeterminar
12/05/2019	indeterminar	indeterminar	indeterminar	Indeterminar
19/05/2019	indeterminar	indeterminar	indeterminar	Indeterminar
26/05/2019	indeterminar	indeterminar	indeterminar	Indeterminar
C. estadia	-	-	Indeterminar	
C. diariamente	-	-	Indeterminar	0,00107143
C. anual	-	-	Indeterminar	

Quadro 22: Resultados SAA, concentração e absorção de Níquel na parte solúvel e insolúvel (uma parte fechada).

Datas	Resultados da análise mg/l		Concentração (mg/m^2 .d)	
	P. solúvel	P. Insolúvel	P. solúvel	P. Insolúvel
28/03/2019	indeterminar	indeterminar	Indeterminar	Indeterminar
04/04/2019	indeterminar	indeterminar	Indeterminar	Indeterminar
11/04/2019	indeterminar	indeterminar	Indeterminar	Indeterminar
18/04/2019	indeterminar	indeterminar	Indeterminar	indeterminar
05/05/2019	indeterminar	indeterminar	Indeterminar	Indeterminar
12/05/2019	indeterminar	indeterminar	Indeterminar	Indeterminar
19/05/2019	indeterminar	indeterminar	Indeterminar	Indeterminar
26/05/2019	indeterminar	indeterminar	Indeterminar	Indeterminar
C. estadia	-	-	Indeterminar	Indeterminar
C. diariamente	-	-	Indeterminar	Indeterminar
C. anual	-	-	Indeterminar	Indeterminar

B: Indeterminar <0

Cobre :

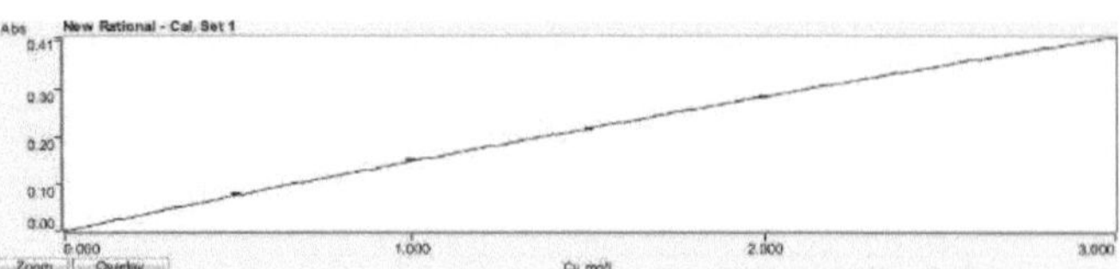

Quadro 23: Resultados SAA, concentração e absorção de cobre na parte solúvel e insolúvel (exterior).

Datas	Resultados da análise mg/l		Concentração $(mg/m^2 .d)$	
	P. solúvel	P. Insolúvel	P. solúvel	P. Insolúvel
28/03/2019	0,011	0,034	0,03928571	0,12142857
04/04/2019	0,02	0,021	0,07142857	0,075
11/04/2019	0,019	0,044	0,06785714	0,15714286
18/04/2019	0,012	0,024	0,04285714	0,08571429
05/05/2019	0,017	0,025	0,06071429	0,08928571
12/05/2019	0,02	0,022	0,07142857	0,07857143
19/05/2019	0,013	0,046	0,04642857	0,12857143
26/05/2019	indeterminado	Indeterminare	indeterminado	Indeterminare
C. estadia	-	-	2,79899984	5,15000003
C. diariamente	-	-	0,39985712	0,73571429
C. anual	-	-	143,9485632	264,8557144

Quadro 24: Resultados SAA, concentração e absorção de cobre na parte solúvel e insolúvel (uma parte fechada).

Datas	Resultados da análise mg/l		Concentração (mg/m^2.d)	
	P. solúvel	P. Insolúvel	P. solúvel	P. Insolúvel
28/03/2019	0,016	0,05	0,05714286	0,17857143
04/04/2019	0,019	0,01	0,06785714	0,03571429
11/04/2019	0,012	0,006	0,04285714	0,02142857
18/04/2019	0,012	0,017	0,04285714	0,06071429
05/05/2019	0,013	0,046	0,04642857	0,16428571
12/05/2019	0,014	0,055	0,05	0,19642857
19/05/2019	indeterminar	Indeterminar	Indeterminar	Indeterminar
26/05/2019	indeterminar	Indeterminar	Indeterminar	Indeterminar
C. estadia	-	-	2,149992586	4,60000002
C. diariamente	-	-	0,307141798	0,65714286
C. anual	-	-	110,5710473	236,57142

Questionário

Informação geral

Salvo indicação em contrário, assinale apenas uma caixa por pergunta. Se tiver alguma dificuldade em preencher o questionário, pode pedir ajuda ao responsável pela recolha de sangue. Este questionário será tratado de forma anónima e confidencial.

Género

-MEN a   - MULHER a

Qual é o nível de educação mais elevado que completou?

* Escola primária ou média não concluída
* Estudos secundários
* Estudos universitários completos

1. **És de Khemis?**
- Sim

Em que
vizinhança?

- Não
- Uma província numa região que não Khemis

>Ain Defla

> Miliana

>Boumedfaa

>El Attaf

>Sidi Lakhdar

> outro

2. **Vive num :**

- **Zona rural?**

- *Urbano?*

3. **A sua idade?**
-Acima de 20 anos   "20 a 29 anos de idade   "30 a 49 anos de idade   "50 anos e mais
☐

4. **Trabalha neste sector?**
Sim, passar à pergunta 6
Não^ ir para a pergunta 5

5. **Qual é a idade aproximada da residência em que vive (casa ou apartamento)?**
-Acima de 10 anos   −10 a 20 anos de idade   -20 anos e mais
☐

6. **Esteve no local de trabalho, a tempo inteiro ou a tempo parcial, nos últimos doze (12) meses?**

- a tempo inteiro

Especificar o título do trabalho :

- a tempo parcial

especificar a duração :

7. **Sente frequentemente:** fadiga muscular   ☐

enxaquecas a toda a hora

depressões de vez em quando

o seu corpo treme

perda de apetite

dor abdominal

ouça-se bem

Anemia

8. Nos últimos doze (12) meses, realizou alguma das seguintes actividades durante os seus tempos livres (são possíveis múltiplas respostas)?

Reciclagem ou armazenamento de pilhas velhas

Reparação de radiadores

Soldadura com fio de chumbo de estanho (por exemplo, fabrico de vidro manchado, peças electrónicas) □ Fabrico de objectos de cerâmica ou cerâmica

Fabrico de munições para caça ou tiro de chumbo para pesca □ Prática de tiro de espingarda e espingarda numa sala interior

Lixagem ou decapagem de mobiliário antigo ou peças metálicas

Nenhuma destas actividades □

9. tem um enchimento dentário?

-sim   -no

10. colocou um dente de metal?

-sim   -no

11. Qual a categoria que melhor representa o seu consumo de cigarros?

Não-fumador

Ex-fumador durante um ano ou mais

Ex-fumador há menos de 12   meses

Fumador ocasional

Fumador regular *Por favor responda às perguntas a) e b) abaixo* □ **a) Quantos cigarros fuma por dia?**   cigarros/dia

b) Com que idade começou a fumar todos os dias?

10. Com que frequência se bebe álcool?

Todos os dias 3 a 6 vezes por semana 1 a 2 vezes por semana

1 a 3 vezes por mês □ Menos de uma vez por mêsD

Nunca *Fim do questionário* □

12. Obrigado por ter tirado alguns minutos do seu tempo para responder a este questionário.

اســـتـبـيــــان

يرجى من المعني شطب الخانة المناسبة للإجابة. في حال عدم فهم السؤال يرجى طلب المساعدة من القائمين على الحملة و الاستقسار.

لا يؤخذ اسم و لقب المتبرع بعين الاعتبار في هذا الاستبيان و تتم دراسة هذا الأخير دون التطرق لخصوصيات المتبرع.

<u>جنس المتبرع:</u>

أنثى ☐   ذكر ☐

<u>ما هو مستواك الدراسي:</u>

– ابتدائي أو متوسط ☐
– ثانوي ☐
– جامعي ☐

1. هل أنت من مدينة خميس مليانة؟

نعم ☐

– في أي حي ؟..

لا ☐

من مدينة أخرى في ولاية عين الدفلى:

- عين الدفلى ☐
- مليانة ☐
- العطاف ☐
- سيدي لخضر ☐
- بومدفع ☐
- مدينة أخرى:...........................

2. هل تسكن في :

– منطقة ريفية؟ ☐   - منطقة حضرية؟ ☐

3. ما هو سنك:

• أقل من 20 سنة ☐ • بين 20 و 29 سنة ☐ • بين 30 و 49 سنة ☐ • أكثر من 50 سنة ☐

4. هل تعمل في مدرسة التكوين شبه طبي؟

• نعم ☐ (انتقل الى السؤال السادس) • لا ☐ (انتقل الى السؤال الخامس)

5. ما هي مدة إقامتك في سكنك الحالي؟

• أقل من 10 سنوات ☐ • من 10 إلى 20 سنة ☐ • أكثر من 20 سنة ☐

6. ما هي طبيعة دوام عملك خلال 12 شهرا الأخيرة:

• دوام كلي ☐

– حدد وظيفتك...

••دوام جزئي ☐

– حدد المدة...

7. **هل تعاني من أحد الأعراض التالية و بصفة متكررة:**
   – وهن أو تعب عضلي ☐
   – صداع نصفي أو شقيقة ☐
   – نوبات عصبية أو انهيار عصبي ☐
   – رجفان في الجسم ☐
   – فقدان شهية ☐
   – آلام في الصدر ☐
   – مشاكل في السمع ☐

8. **هل مارست أحد الأعمال المذكورة أسفله في أوقات فراغك؟**
   – إعادة تدوير البطاريات القديمة أو استعمالها في مجالات أخرى ☐
   – إصلاح أجهزة التبريد ☐
   – التلحيم باستعمال سلك الرصاص ☐
   – الخزف أو صناعة الطين التقليدية ☐
   – الصيد باستعمال صنارات تحتوي على الرصاص ☐
   – الرماية في الصالات المغلقة ☐
   – ترميم أو إعادة هيكلة الأثاث أو النقود المعدنية ☐
   – لا شيء من المذكورات ☐

9. **هل قمت بحشو في سنك؟**
   نعم ☐   لا ☐

10. **هل قمت بوضع سن معدني؟**
    نعم ☐   لا ☐

11. **هل تدخن؟**
    – لا ☐
    – انقطعت عن التدخين منذ سنة أو أكثر ☐
    – انقطعت عن التدخين منذ أقل من سنة ☐
    – تدخن من حين لآخر ☐
    – تدخن بصفة منتظمة ☐
    – أجب عن السؤالين التاليين:
    أ. ما هو عدد السجائر التي تستهلكها في اليوم؟.......................
    ب. في أي سن بدأت التدخين؟.......................

12. **هل تستهلك الكحول؟**
    – كل يوم ☐
    – من 3 إلى 6 مرات في الأسبوع ☐
    – مرة أو مرتين في الأسبوع ☐
    – مرة أو ثلاث مرات في الشهر ☐

– أقل من مرة في الشهر ☐

– لا أستهلك الكحول ☐

"نشكركم على تعاونكم و منحكم من وقتكم و من دمكم للمشاركة في هذه الحملة"

Printed by Books on Demand GmbH, Norderstedt / Germany